电气试验基础及应用

主编　李亚平　欧阳仁乐
参编　陈道强　杨　龙

西南交通大学出版社
·成　都·

图书在版编目（CIP）数据

电气试验基础及应用 / 李亚平，欧阳仁乐主编. —
成都：西南交通大学出版社，2022.12
　ISBN 978-7-5643-9078-5

　Ⅰ. ①电… Ⅱ. ①李… ②欧… Ⅲ. ①电气设备 – 试
验 Ⅳ. ①TM64-33

中国版本图书馆 CIP 数据核字（2022）第 246456 号

Dianqi Shiyan Jichu ji Yingyong

电气试验基础及应用

主编　李亚平　欧阳仁乐

责任编辑　李芳芳
封面设计　原谋书装

出版发行　西南交通大学出版社
　　　　　（四川省成都市金牛区二环路北一段 111 号
　　　　　西南交通大学创新大厦 21 楼）
邮政编码　610031
发行部电话　028-87600564　028-87600533
网址　http://www.xnjdcbs.com
印刷　四川玖艺呈现印刷有限公司

成品尺寸　185 mm×260 mm
印张　13
字数　302 千
版次　2022 年 12 月第 1 版
印次　2022 年 12 月第 1 次
定价　79.00 元
书号　ISBN 978-7-5643-9078-5

前言
PREFACE

　　为贯彻落实《职业教育法》《国务院关于加快发展现代职业教育的决定》《国务院关于国家职业教育改革实施方案的通知》等法规文件精神，持续深化产教融合、校企合作、工学结合，在本书编撰过程中，充分发挥四川电力职业技术学院"校企一体、共同发展"办学机制优势，校企共建课程教材编写团队，依托校内电气试验实训基地及校企共建共享的校外实习实训基地，将国家电网有限公司电气试验标准化作业流程、国家特种作业操作证（电气试验）以及电气试验工职业技能鉴定（中级工）等相关知识和技能要求有机融入课程内容，从专业人才培养方案修编、课程建设和课堂教学等全方位落细落实 X 证书的要求；在课程教学实践过程中，着力践行融"教、学、做"一体，推行线上线下混合式、职业能力与职业素养相互融合的"理实一体"教学，以体现教学过程的实践性、开放性和职业性，确保课程教学与岗位能力要求的有效对接。

　　全书分为四部分，项目 1 绝缘介质电气性能及其击穿过程，项目 2 过电压及保护措施，项目 3 电气设备绝缘试验，项目 4 电气设备特性试验；项目 1 与项目 2 主要介绍高电压技术基础理论知识及在电力工程中的应用，项目 3 与项目 4 主要介绍实际电气试验操作模块。本教材介绍了必要的高电压技术基础理论知识，针对特种作业操作证（电气试验）考核内容设计了大量的实操项目，配套建设了系列图文课件、视频课件资源并上传至在线课程平台，旨在树立读者的安全意识，培养其探索创新、自主学习、团队协作以及标准化作业的能力，帮助其取得特种作业操作证（电气试验）和电气试验工（中级工）证书，切实增加本书的实用性和可读性。

本书的实操试验部分，包括绝缘试验和特性试验，该部分在编写原则上，以《国家电网公司变电检测管理规定》为依据，以学生技能水平提升为核心，遵循"知识够用，为技能服务"的宗旨，突出试验教学的针对性和实用性，并且涵盖了目前国家、行业以及电网的最新标准、政策、规程。在形式结构上，采用模块化结构，不同专业可以抽取不同模块定制为活页教材，便于灵活施教。

本书由四川电力职业技术学院电气试验高级技师李亚平、电气试验技师欧阳仁乐主编，国网南充供电公司电气试验高级技师陈道强、国网攀枝花供电公司电气试验高级技师杨龙参与编写，其中欧阳仁乐编写绪论、项目1、项目2、项目4的任务4，李亚平编写项目3、项目4的任务1、任务3，陈道强编写项目4的任务5，杨龙编写项目4的任务2，全书由李亚平、欧阳仁乐统稿，由四川电力职业技术学院电网检修培训部（电力设备技术系）汤晓青主任、国网四川省电力公司天府供电公司电气试验高级技师杨帆审定。同时全书内容同步建设有在线课程资源，建设过程中得到四川电力职业技术学院电网检修培训部（电力设备技术系）部门领导、四川电力职业技术学院输配电线路培训部（输配电线路工程系）以及全体项目组成员的大力支持，在此一并致谢！

鉴于编者知识、技能水平有限，书中尚有诸多不足之处，恳请读者批评指正。

编　者

2022 年 7 月

目 录
CONTENTS

绪　论

　　高电压技术的发展始于 20 世纪初期，最初是以经典物理学理论为基础，对高电压作用下电介质的特性进行研究的科学。如今经过多年发展，高电压技术已经成为电工类学科的重要分支，也是做好电气试验工作的基础。它目前的研究对象主要有三大部分：电气设备的绝缘介质、电气设备的试验以及电力系统的过电压。

　　任何电气设备都有绝缘材料，绝缘的作用就是将不同电位的导体分隔开，具有绝缘作用的高电阻率材料被称为绝缘材料或电介质。电介质按照状态可以分为气态、液态、固态三种。电介质在电气设备运行过程中会承受各种电压的作用，在电压作用下，会发生极化、电导、损耗甚至击穿等现象，这些现象对电气设备的运行有着重要的影响，所以研究电介质在电场作用下的各种特性对电力系统而言意义重大。

　　研究电介质在电压作用下的各种特性需要对其进行各种试验，电气设备的绝缘缺陷也需要通过电气试验才能得出，因此，过电压的产生、电气试验、绝缘检测技术等也属于高电压技术研究的基本内容之一。

　　电气设备在运行过程中，不仅要受到正常工作电压的作用，还会由于各种原因受到过电压的作用。过电压是指设备电压超过系统最大运行电压，它对设备绝缘的危害极大，是影响电气设备安全运行的重要因素之一，处理过电压与绝缘之间的矛盾也是高电压技术研究的主要目的。

　　对于电工类专业学生而言，学习本课程的主要目的是正确处理过电压与绝缘之间这一矛盾，其结论会间接或直接影响电力系统设备的设计、运行、维护、检修等工作，也是目前解决超/特高压输电、变电中的绝缘问题的理论基础。如图 0-1 便举例指出了在架空输电线路设计中所涉及到的高电压技术问题。

　　高电压技术是随着电压等级提高而逐渐发展的一门学科。目前我国已投运的最高电压等级输电线路有交流 1 000 kV、直流 ±1 100 kV，电压等级的不断提高，既给高电压技术带来了很多进一步需要研究的课题，也使得高电压技术在实践中不断发展，这是由于在电压等级从高压、超高压向特高压发展的过程中，电晕效应、电磁场影响、过电压防护等问题都需要进一步深入研究，这个过程必然会给这个领域带来更多新的成果。另一方面，从 20 世纪 60 年代开始，高电压技术加强了与其他学科的相互联系与相互渗透，最主要的就是高电压技术与电气试验的融合，并且在近几十年间，在应用层面也发展出各类新技术，广泛地应用于脉冲技术、激光技术、核物理、等离子物理、生物学、医学等领域，展现出其极强的活力与潜力。近年来，SF_6 气体绝缘设备在输变电中的广泛使用，也赋予了高电压技术更多新内容。

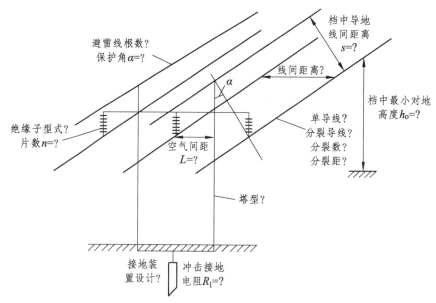

图 0-1 架空输电线路设计中涉及的高电压技术问题

在 2004 年，国家电网公司就联合科研院所、高校、设备制造等 160 多家单位协同攻关，开展 309 项重大关键技术研究，以高电压技术、工程电磁场等学科为基础，连续攻克了特高电压、特大电流下的绝缘特性、电磁环境、试验技术等世界级难题。面对特高压电网，它不是 500 kV 高压电网的简单放大，而是关键绝缘技术和配套设备在绝缘方面有本质的提升，创新难度极大。

项目 1　绝缘介质电气性能及其击穿过程

任务 1　绝缘介质的电气性能及在实际工程中的应用

知识目标

能准确说出电介质的极化、电导、损耗的概念和意义；能说明电介质的极化、电导、损耗在工程中的应用。

素质目标

培养学生在知识上追根究底的钻研精神。

电介质，是指具有高电阻率，能够在电气设备中作为绝缘材料使用的物质。在电气设备中，电介质主要起绝缘作用，使不同电位的导体分隔开来，在电气上不连接。按照其物质形态，可分为气态、液态、固态，不过在实际绝缘结构中，往往是几种类型电介质联合构成组合绝缘材料，例如很多电气设备绝缘都是由"空气（气体）"和"绝缘子（固体）"联合组成。而任何电介质的电气强度都是有限的，它的绝缘也是相对的，在某些情况下，本来绝缘的电介质会逐步丧失绝缘性能，甚至演变成导体。

电介质从极性角度可以分为强极性电介质（如水、乙醇、纸）、弱极性或中性电介质（如石蜡、聚乙烯、变压器油、甲烷）和离子性电介质（如云母、玻璃等）。所谓极性，在化学中是指分子内部的电荷均匀程度，分布越不均匀，极性就越强，分布越均匀，极性就越弱。如图 1-1（a）所示，甲烷分子为正四面体结构，中心对称，正负电荷分布均匀，为非极性的中性分子；如图 1-1（b）所示，为两个氢原子与氧原子构成的水分子结构并非中心对称，电荷分布并不均匀，为极性分子。

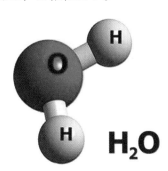

（a）甲烷分子　　　　　　　　　　（b）水分子

图 1-1　甲烷分子与水分子结构

电介质在外电场的作用下会出现各种变化，如果外加电场较低，电介质则会出现极化、电导、损耗等现象，而在强电场下，主要有放电、闪络、击穿等现象。电介质可能会因丧失绝缘性能而转变为导体，即发生击穿现象。

一、绝缘电介质的极化以及在实际工程中的意义

对于不带电的电介质，并且在没有外电场作用时，都是对外呈现中性的，当存在外电场时，外电场会作用于电介质内部的电子和原子核，导致电介质在沿电场方向的两端感应出等量异种电荷，此时对外便呈现极性。即在外部从不同方向观察该电介质，它带电状态是不一样的。这个过程称为电介质的极化。

极化形式可以分为两种：第一种极化为立即的、瞬态的过程，是完全弹性方式，无能量损耗；第二种极化是非瞬态极化，极化的建立以及消失都伴随着能量以热能的形式在电介质中缓慢消耗，也称为松弛极化。两类极化可以分为 4 种方式：电子式极化、离子式极化、偶极子式极化、空间电荷极化（夹层极化）。

（一）电子式极化

如图 1-2 所示为一个原子简单的物理模型，原子中心为带正电的原子核，电子用一个负电荷表示。在没有外加电场的情况下，该电子围绕原子核转，其电荷中心与原子核电荷中心重合，所以从外界任意方向观察该原子，它都不显示任何极性，为中性状态，如图 1-2（a）所示。而当有方向向左的外加电场后，电子轨道发生形变，导致其电荷中心向右偏移，与原子核电荷中心不再重合，此时从外界任意方向观察该原子，它对外产生的电场均不相同，呈现极性状态，如图 1-2（b）所示。此过程称为电子式极化。

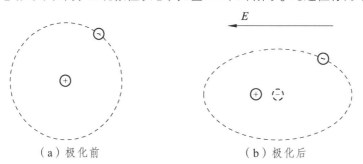

（a）极化前　　　　　　　　　　（b）极化后

图 1-2　电子式极化

电子式极化的特点有：

（1）发生于一切气体、液体、固体电介质当中。

（2）极化过程极短，大约只有 10^{-15} s，意味着其极化过程不受外界电场频率变化的影响。

（3）极化过程中没有能量损耗，在外加电场消失后，正负电荷会自发地回到非极性状态，并没有能量损耗，也称为完全弹性极化。

（4）温度对极化过程影响很小。

（二）离子式极化

离子式极化发生在带有正负离子和离子键的电介质中，如云母、陶瓷、玻璃或者各种干燥盐类等物质。这类离子结构的物质在无外加电场时，整体对外不呈现极性，如图 1-3（a）所示，当有外加电场时，正负离子受到外加电场影响，它们之间的间距或拉长或压缩，如图 1-3（b）所示，使得其对外呈现极性，该过程称为离子式极化。

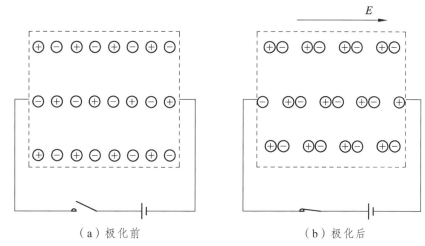

（a）极化前　　　　　　　　（b）极化后

图 1-3　离子式极化

离子式极化的特点有：

（1）发生于带有离子键和正负离子的电介质中。

（2）极化过程很短，约为 10^{-13} s，意味着在一般的频率范围内，可以认为极化过程与外加电场的频率无关。

（3）极化过程中没有能量损耗，在外加电场消失后，正负电荷会自发地回到非极性状态，并没有能量损耗，属于完全弹性极化。

（4）温度对极化过程有一定影响，温度升高时，离子结合力降低，使极化程度增加，另一方面也使得离子密度降低，又使得极化程度降低，一般来说前者影响大于后者，所以温度越高，极化程度增大。

（三）偶极子式极化（转向极化）

偶极子式极化（转向极化）发生于带有共价键的极性分子中，如胶木、橡胶、纤维等物质，极性分子本身对外就呈现极性，但是在没有外加电场时，单个分子虽然呈现极性，但是大量极性分子在热运动中，排列毫无规律，对外呈现中性状态，如图 1-4（a）所示，当出现外加电场时，偶极子受电场作用会发生转向，排列整齐，对外呈现极性，如图 1-4（b）所示，此过程称为偶极子式极化（转向极化）。

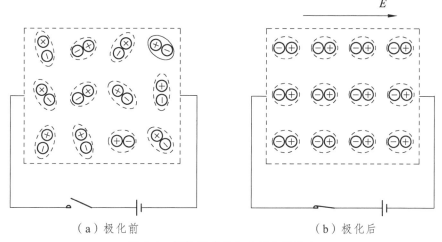

（a）极化前　　　　　　　　（b）极化后

图 1-4　偶极子式极化（转向极化）

偶极子式极化（转向极化）的特点有：

（1）发生于带有共价键的极性分子中。

（2）极化所需时间比较长，根据分子量大小，时间为 $10^{-10} \sim 10^{-2}\,\mathrm{s}$ 不等，分子量越大，转向越慢，极化过程越长。所以当外加电场频率较高时，偶极子会跟不上电场方向的变化，从而极化程度较弱。

（3）极化过程有能量损耗，偶极子在转向时需要克服分子间吸引力而消耗电场能量，并且在外加电场消失后能量不可自发转化回电场能，故称为非弹性极化或松弛极化。

（4）温度对极化过程影响很大，温度升高时，分子的热运动会加剧，妨碍偶极子转向，使得极化程度减小，另一方面分子结合力减弱，使得极化程度增大，总体上极化程度随温度的变化取决于分子的类型以及这两个相反过程的相对强弱。

（四）空间电荷极化

电子式极化、离子式极化、偶极子式极化都是由电介质中电荷的位移或转向形成的，而空间电荷极化则是由电介质中自由离子的移动形成的。

空间电荷极化存在于带有正负自由离子的物质中，自由离子在电场的作用下，改变分布情况，在电极附近形成空间电荷，称为空间电荷极化。

夹层极化是最常见的一种空间电荷极化现象，它发生于由两层或者多层不同电介质组成的电介质中，由于各层电介质电气特性不同，在电场作用下，各层中的电位，最初按照介电常数分布（即按电容大小分布），以后逐步过渡到按电导率分布（即按电阻大小分布）。此时，在各层电介质的交界面上会积累起电荷，这种电荷的移动和积累，就称为夹层极化。

空间电荷极化过程伴随能量损耗，并且极化过程十分缓慢，故仅在低频或恒定电场下才能完成极化。

（五）电容与介电常数

"电容"在电工基础中是指能够阻碍电荷移动，容纳电荷，并且能够将电能转化为电场能的一种电器元件。

而在物理学中，只要有静止的自由电荷，就必须存在能够容纳静止自由电荷的"容器"，该"容器"就是物理学意义上的"电容"或广义上的"电容"，如图 1-5 所示。

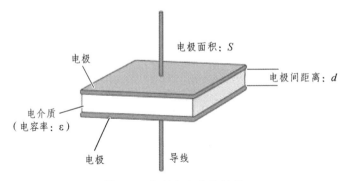

图 1-5　广义上电容的结构

"电容"还能作为一种物理量，表示该电介质容纳自由电荷的能力。在物理学上电容被定义为电介质所携带自由电荷量大小 Q 与电介质两极电压 U 的比值：

$$C = \frac{Q}{U} \qquad (1\text{-}1)$$

电介质电容量的大小并非决定于电荷量 Q 或者极端电压 U，而是决定于该电介质的极板面积 S、极间距离 d 和介电常数 ε。

$$C = \frac{\varepsilon S}{d} \qquad (1\text{-}2)$$

电介质在外加电场的作用下发生极化，会对外呈现极性，其产生的电场与原有外加电场会相互叠加，削弱整体电场强度。设电容器极板间以真空为介质时的电容为 C_0，极板间填充某种介质时，其电容为 C，则电容 C 与 C_0 的比值叫作电介质的相对介电常数 ε_r，它的数值也表征了该电介质能够极化的程度。ε_r 大，表示该电介质容易极化，也表示形成电容的本领大。

除此之外，相对介电常数还能表示将绝缘介质引入极板间后，使得两端电极上储存电荷量增加的倍数，也即是极板电容量相比真空中增加的倍数。相对介电常数 ε_r 的表达式为：

$$\varepsilon_r = \frac{\varepsilon}{\varepsilon_0} = \frac{Q_0 + \Delta Q}{Q_0} \qquad (1\text{-}3)$$

当极板间是真空时，极板间的电荷量为 Q_0；当极板间充满固体电介质时，极板上的电荷量为 $Q_0 + \Delta Q$。

电介质的介电常数 ε 又称电容率，等于相对介电常数 ε_r 与真空中绝对介电常数 ε_0 的乘积，它的大小代表了电介质能够极化的程度，也就是对电荷的束缚能力，介电常数越大，表示该电介质对电荷的束缚能力越强。

（六）极化和介电常数在工程中的意义

根据电容计算的公式可知，在一定的几何尺寸下，为了获得更大的电容，就应当选用介电常数更大的电介质。例如，在电力电容器的制造中，以合成绝缘液体（ε 为 $3 \sim 5$）代替由石油制成的电容器油（ε 约为 2.2），就能够增大电容器电容量，或者能够减小单位容量电容的体积和质量。

几种绝缘介质组合在一起使用时，应注意各种材料介电常数的配合，因为在交流或冲击电压作用下，串联电介质分压与介电常数成反比，介电常数小的电介质内部电场强度越大，所以要求其耐电强度也应当更高。

电介质极化过程也是电容充电的过程，出现的极化损耗是电介质在电场中损耗的重要组成部分，对绝缘劣化和热击穿有重大影响。

由于夹层极化速度非常缓慢，偶极子转向极化速度较快，利用该特点可测量电气设备绝缘的吸收比和极化指数，可以判断绝缘受潮的现象。

电介质的极化实际上也是电介质内部原子在内因和外因的共同作用下，从一种平衡状态达到另一种平衡状态。在这里，内因是指电介质中正负粒子相互作用，外因是指外部电场的变化，也如同唯物辩证法指出的，内因是事物发展的根本原因，外因即事物的外部联系是事物发展的第二位的原因，内因是事物变化的根据，外因是事物变化的条件，外因与内因相互影响，又相互独立。

二、电介质的电导以及在实际工程中的意义

（一）电介质的电导机理

理论上，电介质为绝缘材料，其内部存在大量带电粒子，但它们往往都是束缚电荷，很难在电场下定向移动形成电导电流。而现实中电介质内部往往有大量杂质，包含少量自由电子与自由离子，它们在电场的作用下会定向移动产生电导电流，所以现实中的绝缘材料并非完全绝缘，在电压作用下，依然有很小的电导电流流过。电介质的导电性能通常用电导率 γ 或是电阻率 ρ 来表示，其中

$$\gamma = \frac{1}{\rho} \tag{1-4}$$

注意电介质的电导是离子性电导，金属的电导是电子性电导。

（二）气体电介质的电导

给某纯净气体电介质两端施加直流电压，流过电介质电流与外加电压的关系如图1-6所示。

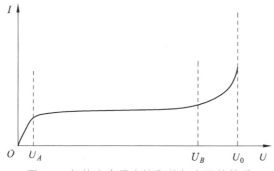

图 1-6　气体电介质电流和外加电压的关系

当 $U < U_A$ 时，电流与电压基本符合欧姆定律，这是由于电介质内部都有一定数量的自由带电粒子（分子、原子、离子、电子等可统称为粒子），它们在电场的作用下定向移动，电流随电压的增大而线性增大。

当 $U_A \leqslant U < U_B$ 时，内部自由电子产生的电导电流达到饱和，增大电压无法继续增加电流。

当 $U_B \leqslant U < U_0$ 时，由于场强过大，气隙中发生游离过程，产生更多带电粒子，电流也随之增大。

当 $U \geqslant U_0$，气隙中游离出大量带电粒子，电介质由绝缘介质转变为良导体。

（三）液体电介质的电导

液体电介质的电导主要由两种带电粒子的定向移动产生：一种是杂质分子或者其游离形成的离子；另一种是体积质量较大的带电微粒（如内部悬浮物），前者叫作离子电导，后者叫作电泳电导。二者只是带电粒子大小上的差别，其导电性质是一样的。中性和弱极性的液体电介质，其分子的离解度小，其电导率就小。介电常数大的极性和强极性液体电介质的离解作用是很强的，液体中的离子数多，电导率就大。因此，极性和强极性（如水、醇类等）的液体，在一般情况下，不能用作绝缘材料。工程上常用的液体电介质，如变压器油、漆和树脂以及它们的溶剂（如四氯化碳、苯等），都

属于中性和弱极性。这些电介质在很纯净的情况下，其导电率是很小的。但工程上通常用的液体电介质难免含有杂质，这样就会增大其电导率。

同气体电介质一样，给某纯净液体电介质两端施加直流电压，流过电介质电流与外加电压的关系如图 1-7 所示。

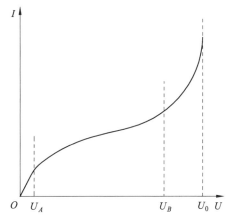

图 1-7　液体电介质电流和外加电压的关系

当 $U < U_A$ 时，电流与电压基本符合欧姆定律，原因与气体一样，电介质的电导率就是在此范围定义的。

当 $U_A \leqslant U < U_B$ 时，电流有饱和趋势，但是不如气体明显，是由于液体中正负粒子密度大，复合概率大，在电压很低时，不可能所有粒子都运动到电极，而当电压增大到此区间，正负粒子复合概率减小，因此电流也会有所增加。

当 $U_B \leqslant U < U_0$ 时，由于场强过大，液体中发生游离过程，产生更多带电粒子，电流也随之增大。

当 $U \geqslant U_0$，液体中游离出大量带电粒子，液体电介质被击穿，由绝缘介质转变为良导体。

影响液体电介质电导的主要因素除了上述的电场强度外，还有温度和杂质。

温度的影响主要表现在两方面：温度升高时，一方面液体电介质本身和杂质的离解度增大，自由带电粒子数量增加；另一方面，液体黏度减小，带电粒子自由运动阻力减小，从而运动更快。由此可见两方面影响都使得电介质的电导随温度的上升而增大。

杂质是液体电介质中带电质点重要来源，液体中杂质增多时，电导将明显增加。

（四）固体电介质的电导

固体电介质电导分为体积电导和表面电导两种，分别表示固体在内部和在表面电场中传导电流的能力。

固体电介质的体积电导分为离子电导和电子电导两部分。离子电导在很大程度上决定于电介质中所含的杂质离子，特别对于中性及弱极性电介质，杂质离子起主要作用。而对于强极性固体电介质，由于其电导电流过大，通常不用于绝缘材料。

影响固体电介质电导的主要因素有电场强度、温度和杂质。电场强度对其影响类似于液体电介质；温度升高时，体积电导会按指数规律增大，与液体相似；固体电介质内部的杂质主要考虑水分子的影响，水分子是一种强极性液体电介质，固体中含水量增加时，其体积电导会明显增加。

固体电介质的表面电导，主要决定于它表面吸附导电杂质（如水分和污染物）的能力及其分布状态。只要电介质表面出现很薄的吸附杂质膜，表面电导就比体积电导大得多。极性电介质的表面与水分子之间的附着力远大于水分子的内聚力（因为水也是极性的），就很容易吸附水分，而且吸附的水分湿润整个表面，形成连续水膜，这叫作亲水性的电介质。这种电介质表面电导就大，如云母、玻璃、纤维材料等。不含极性分子的电介质表面与水分子之间的附着力小于水分子的内聚力，不容易吸附水分，只在表面形成分散孤立的水珠，不构成连续的水膜，这叫作憎水性电介质，其表面电导很小，如石蜡、聚苯乙烯等。还有一些材料能部分溶于水或胀大，其表面电导也很大。表面粗糙或多孔的电介质也更容易吸附水分和污染物。在实际测试工作中，有时表面电导远大于体积电导，所以在测量绝缘泄漏电流或绝缘电阻时，要注意屏蔽和具体分析测试结果。

（五）电介质的电导在工程中的意义

电介质电导的倒数即为电介质的绝缘电阻，电气设备的绝缘电阻包括体绝缘电阻和表面绝缘电阻，通常所说的绝缘电阻一般指体绝缘电阻，通过绝缘电阻的测试，可以判断绝缘电介质的受潮和劣化情况。

多层电介质串联时，在直流电压下，分压等于各层电介质电导的反比，故对直流设备而言，应当注意电介质的电导率和耐电能力的配合。

电介质的电导对电气设备的运行有重要影响，电导产生的能量损耗会使电气设备的绝缘部分发热，在一定情况下，其电导损耗造成的发热还可能使绝缘发生热击穿。

三、电介质的损耗以及在实际工程中的意义

（一）电介质损耗机理

电介质处于交流或直流电压作用下时，电能都会在一定程度上转化为热能，产生损耗，称为电介质的损耗。

给原不带电的理想电介质两端施加直流电压后，在电介质中产生的电流如图 1-8 所示。

图 1-8 中纵坐标为流过电介质的电流大小，横坐标为经历的时间，其中实线为总电流大小，虚线为其三个电流分量。电流的这种变化规律是由于电介质加压后其内部发生的物理过程引起的，即电介质在直流电压作用下，电流刚开始很大，后逐渐降低为一个恒定值，这种现象称为吸收现象。

电介质两端施加较低的直流电压（不使电介质产生游离）后，电介质会产生极化和电导现象，其中极化可以分为没有能量损耗的无损极化（电子式、离子式极化）过程和有能量损耗的有损极化（偶极子、空间电荷）过程，其中无损极化由于速度非常快，所以其等值电容充电时间非常短，在极短时间内便降为 0；而有损极化的极化速度较慢，所以其等值电容充电时间也较长，不过由于电容"隔直通交"的特征，极化电流最终也会降为 0；电导电流是自由带电粒子的定向移动，与时间参数无关，所以电流大小呈一条直线，不随时间变化。

其等值电路如图 1-9 所示，无损极化在等效电路中产生电容电流 i_c，有损极化在等值电路中产生吸收电流 i_a，电导在等效电路中产生电导电流或泄漏电流 i_g。三种电路呈并联状态，叠加之后便得到总电流 i。

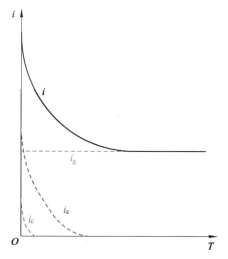 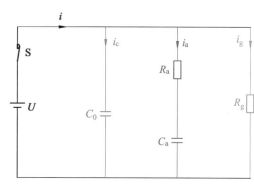

图 1-8　直流电压作用下电介质电流与时间的关系　　图 1-9　直流电压作用下电介质等值电路

（二）介质损耗正切值

当给电介质两端施加低电压时，电介质中产生的损耗有极化损耗和电导损耗，它们统称为电介质的介质损耗。

在直流电压下，电介质电容仅充电一次，产生一次极化损耗，充电完成后便不再有极化损耗存在，所以直流作用下电介质可忽略极化损耗，仅考虑电导损耗。而在交流作用下，电介质除电导损耗外，还有周期性充放电引起的极化损耗，此时电介质总的损耗需要引入一个新的物理量来表示。

将图 1-9 电介质等值电路简化后，并且将其置于交流电中，便能够得到图 1-10 所示简化后的并联等值电路，该电路中一条支路仅有电阻，表示其介质损耗，一条支路仅有电容，表示其充电电流，仅是数学手段简化后的结果，无实际物理意义。

图 1-11 为并联等值电路在交流作用下的相量图，外加电压 $\dot{U}$ 与总电流 $\dot{i}$ 的夹角为功率因数角 φ，而功率因数角的余角，即电容电流 $\dot{i}_C$ 与总电流 $\dot{i}$ 的夹角 δ 称为介质损耗正切角。

$$\tan\delta = \frac{I_R}{I_C} = \frac{U/R_g}{U\omega C_0} = \frac{1}{\omega C_0 R_g} \tag{1-5}$$

图 1-10　电介质简化并联等值电路　　图 1-11　交流电压下电介质并联等值电路的相量图

电介质损耗功率 P 可以用以下公式计算：

$$P = UI_R = U(I \tan \delta) = U^2 \omega C_0 \tan \delta \qquad (1\text{-}6)$$

由上式可见，在外加电压大小、频率以及电介质尺寸（表征其电容量）一定时，介质损耗功率 P 与介质损耗正切值 $\tan \delta$ 成正比，故 $\tan \delta$ 可以反映电介质在交流电压作用下的损耗大小，工程上也使用 $\tan \delta$ 来衡量绝缘电介质介质损耗的大小。

（三）各类电介质的损耗

当加在气体电介质上的电压小于让其发生游离的电压时，气体电介质的损耗主要是电导损耗，损耗极小，当电压超过其游离电压时，发生碰撞游离，会导致介质损耗急剧增加。

中性或者弱极性液体电介质的介质损耗主要由电导引起，损耗较小，电压对其影响与气体类似。温度上升会导致液体电介质损耗逐步增加。

对于极性液体电介质，如水、乙醇等，介质损耗主要由极化损耗和电导损耗构成，损耗较大。影响其损耗的因素有温度、外加电压大小、外加电压频率等因素。

温度对极性液体影响较为复杂，既影响其电导过程，也影响其极化过程，总体来说损耗会随温度升高先升高后降低再升高。

由于偶极子极化速度较慢，受外界频率影响，频率过高会导致极化程度降低，所以其损耗也会随频率上升而先升高后降低。

固体电介质与液体电介质类似，中性和弱极性固体电介质的损耗也是主要由电导构成，损耗较小。强极性电介质既有电导损耗也有极化损耗，损耗较大。此外部分离子式固体电介质的介质损耗还与离子结构有关，离子结构越紧密的固体，其损耗就越小。

（四）介质损耗在工程中的意义

选用绝缘电介质时，必须要注意材料的介质损耗正切值 $\tan \delta$，其值越大，电介质处于交流作用下损耗也越大，发热也越严重，这不仅会导致电介质劣化，严重时还会导致热击穿。

绝缘受潮时，由于内部有水分子，会导致整体 $\tan \delta$ 增大，绝缘中存在气隙或者气泡时，也会使 $\tan \delta$ 增大。通过 $\tan \delta$ 测试，可以发现绝缘材料是否整体受潮或者存在分层、开裂等缺陷，所以测量 $\tan \delta$ 是绝缘试验中基本的项目。

绝缘材料的 $\tan \delta$ 会受外加电压大小、频率影响，还会受温度影响，所以不同绝缘材料所适宜的工作环境也是不同的。

课后思考

1. 电介质四种极化中，哪些有能量损耗？
2. 介电常数和相对介电常数是如何定义的？
3. 什么是极性？什么又是极化？
4. 电介质的电导随温度变化如何变化？
5. 电介质在电压的作用下，三支等值电路的物理意义是什么？

任务 2 气体绝缘介质及其击穿特性

知识目标

能说出带电粒子产生和消失的方法；能解释自持放电的概念；能说明并解释汤逊理论结论；能熟练运用巴申定律解决实际问题；能说出流注理论自持放电条件；牢记电晕放电负面影响；能说明并解释极性效应结论；能区分静态击穿电压、冲击击穿电压；能解释伏秒特性的概念；能画出标准雷电压基本波形图；能解释击穿电压的饱和作用。

素质目标

培养学生重视知识的推导，养成良好的科学态度。

气体电介质在电力系统中使用非常广泛。大自然为我们提供了免费的理想绝缘体-空气。例如架空输电线路的相间、相对地都利用空气来绝缘。正常情况下，气体电介质的电导率很小，电容也很小，所以其介质损耗是非常小的，是非常优秀的绝缘体。但当外加电场较强，超过气体电介质的某一临界电场强度时，气体便会发生击穿现象，从而从绝缘状态变为导电状态，引起事故。因此，掌握气体电介质的击穿特性是设计电气设备、保证电力系统安全运行的重要前提。

在本任务中，研究气体放电的主要目的：① 了解气体在高电压（强电场）作用下由绝缘体演变为导体的物理过程；② 掌握气体电介质电气强度的影响因素和提高的方法。

一、气体放电基本物理过程

只有气体中出现了带电粒子后，如电子、正离子、负离子，才有可能导电，并在电场作用下发展成各种形式的气体放电现象，那么这些带电粒子是如何产生的呢？

（一）带电粒子的产生和消失

1. 原子的激发和游离

原子由带正电的原子核与围绕原子核的电子组成，电子只能在特定的、分立的轨道上运动，各个轨道上的电子具有分立的能量，这些能量值即为能级。电子可以在不同的轨道间发生跃迁，电子可以吸收能量从低能级跃迁到高能级或者辐射出光子从高能级跃迁到低能级。

正常状态下，原子都处于最低能级，称为基态，当其电子从外界吸收能量后，从低能级跃迁到高能级，称为原子的激发或激励。被激发的原子称为激发态原子，所需要的能量称为激发能，它们不稳定，只能短时存在，会迅速辐射出光子失去能量发生电子跃迁回到最初的基态，这个过程称为反激发或反激励。

原子的激发通常出现在原子获得能量较小的场合，若原子从外界获得的能量足够大，以至于使得原子的一个或者几个电子能够摆脱原子核的束缚，形成自由电子和正离子，这一过程称为游离，游离后的离子称为游离态，处于基态的原子游离所需要的最小能量称为游离能，原子失去的电子越多，所需要的游离能就越大，在气体放电中，通常只考虑原子失去一个电子。当然原子也可以先经历激发阶段，再获得能量从激发态转变为游离态，这样的过程称为分级游离。

气体分子一般由两个或多个原子构成，分子的激发与游离和原子的激发与游离原理相同，仅仅是激发能和游离能不同。

2. 带电粒子的产生

空间中的带电粒子有悬浮带电颗粒、正负离子、自由电子等几种形式。由于放电机理的缘故，本任务主要考虑自由电子这种形式的带电粒子。空间中带电粒子主要有两种来源：第一种是气体电介质本身发生游离，第二种是金属极板阴极表面发生游离。

1）气体分子本身发生游离

按照气体分子获得能量不同，气体分子本身的游离可以分为三种形式：

（1）碰撞游离。

在电场作用下，空间中的带电粒子会由于电场力作用而发生定向加速移动，它们的动能积累到超过气体分子的游离能后，再和气体分子发生碰撞，可以使得气体分子发生游离产生新的自由电子和离子，这种游离称作碰撞游离。气体中的带电粒子在电场作用下运动，其在运动过程中会不断和其他质点发生碰撞，任一带电粒子从开始加速到碰撞前一瞬间走过的位移称为自由行程。

带电粒子多次碰撞的自由行程长度各不一样，其平均值称为平均自由行程，平均自由行程与气体相对密度成反比。所以当气体密度过大，自由电子平均自由行程过短，则电子获得动能不足，大概率低于气体分子的游离能，所以很难发生游离。

在空间中正负离子或悬浮带电颗粒也能在电场作用下定向移动，然而由于其尺寸较大，非常容易发生粒子碰撞，所以往往在聚集到足够动能前就由于碰撞而损失大量能量，不容易发生碰撞游离，故理论上仅考虑自由电子引发的碰撞游离。

（2）光游离。

电磁波照射气体分子，光子撞击气体分子时，会使得气体分子吸收能量，当光子能量超过气体分子游离能时，气体分子就会在该频率电磁波照射下发生游离，产生电流，此过程称为光电效应，在本课程中也称为光游离。某些波长极短的电磁波，如 X 射线、γ 射线等，光子能量非常大，很容易使气体分子发生游离；紫外线波长较短，也具有一定的使分子游离的能力；而如无线电波、微波、可见光等电磁波波长较长，光子能量较小，通常不能使气体分子发生游离。

由光游离产生的自由电子称为光电子，光电子在电场的作用下定向移动发生碰撞也能产生碰撞游离。

气体中的光子可能来源于外界（如太阳），也可以来源于气体放电过程本身产生，（如电焊机发出的强烈紫外线），这是由于在放电过程中大量激发态原子释放光子变为基态，或者由于异种带电粒子复合形成中性粒子发出光子。

（3）热游离。

气体在极高温度下（如电弧放电状态下）发生的游离过程称为热游离。温度实际上是粒子动能的宏观体现，温度极高的状态下，粒子动能也极高，即使没有电场存在，在粒子与粒子发生碰撞时，其动能也足以使其发生游离；此外，高温下的粒子能够向外辐射电磁波，而温度越高，辐射出的电磁波频率就越高，波长就越短，意味着光子动能高，能够使其他粒子发生光游离。

因此，热游离并非一种独立的游离形式，而是在高温下，碰撞游离和光游离的综合。

2）气体中金属阴极表面发生的游离

前文介绍了广义上电容的结构，在绝缘电介质两端均有金属电极，金属表面游离便是从带负电一侧的阴极发射电子的过程。电子从金属中发射出来需要吸收一定的能量，能让某种金属发射电子的最低能量称为逸出功。不同金属原子的逸出功各不相同，除此之外，逸出功还与金属表面状况（如氧化、吸附层等）有关。由于金属内的电子本身便为自由电子，金属逸出功通常比气体游离能小很多，所以阴极金属表面游离在气体放电过程中起到重要作用。从阴极能量来源来分类，表面游离可分为四种情况：

（1）正离子撞击阴极表面。

正离子在电场作用下会向阴极加速移动，在撞击阴极时，会将动能传递给阴极中的电子，使阴极金属逸出电子。在逸出的电子中，一部分与其他正离子结合形成分子，另一部分形成自由电子，在电场的作用下向阳极加速移动。只要正离子撞击阴极表面形成了至少一个自由电子，便认为发生了阴极表面游离。

（2）光电子发射。

金属原子与气体分子相同，也存在光电效应，即在短波长电磁波照射下，光子能量大于阴极表面金属原子的逸出功，便能使其逸出自由电子。

（3）强场发射。

在阴极表面电场强度非常大，达到 10^6 V/cm 数量级时，金属电极中的自由电子会逸出，称为强场发射。电网中一般电气设备的电场强度远小于此值，故强场发射通常仅存在于极不均匀电场中的大曲率部位。

（4）热电子发射。

金属在温度极高时，由于其内部自由电子有较大动能，也能够逸出金属表面，称为热电子发射。

对于一般的气体放电过程来说，起主要作用的是正离子撞击阴极表面和光电子发射产生的游离，强场发射和热电子发射只在一些特殊情况下，如断路器分闸过程中会发生。

3）负离子的形成

自由电子与气体分子发生碰撞时，不仅会产生新的自由电子和正离子，还有可能会发生电子与其他中性粒子结合形成负离子的情况，这种过程称为附着。

某些粒子与电子结合形成负离子会释放出能量，而另一些粒子与电子结合形成负离子需要吸收能量，前者与电子有亲和性，容易与电子结合形成负离子，亲和性越强，就越容易捕获自由电子形成负离子。

负离子的形成并没有改变气体间隙中的带电量，但是却能够使自由电子数目减少。相比自由电子，负离子尺寸大，质量大，不容易加速，但更容易碰撞，因此负离子的存在能够在一定程度抑制放电的发展。例如六氟化硫（SF_6）分子与电子具有极强的亲和性，因此 SF_6 气体的电气强度远大于空气，被称为高电气强度气体。

3. 带电粒子的消失

在气体放电过程中，除了游离过程产生带电粒子外，还同时存在带电粒子还原为中性粒子的过程，称为去游离过程。气体放电的发展和终止取决于这两个过程谁占主导地位。带电粒子的消失主要有三个途径：

1）中和

带电粒子在外电场的作用下，定向移动，其中带负电的电子向阳极移动，到达阳极后被阳极吸收；带正电的电子向阴极移动，到达阴极后，阴极给予其电子使其还原为中性粒子。两种过程均会在外电路形成电流。

2）复合

带有异种电荷的带电粒子在空间中相遇，发生电荷传递还原为中性粒子的过程称为复合。复合可以发生在正离子与电子之间，最终形成一个中性分子，称为电子复合；也可以发生在正离子与负离子之间，最终形成两个中性分子，称为离子复合。无论哪种类型的复合，过程中都会以发射出光子的形式释放能量，发射出的光子能量足够大，则会导致其他粒子发生光游离，使得气体放电发生跳跃式发展。

带电粒子的复合速度主要取决于带电粒子的浓度，浓度越高，复合速度就越快。带电粒子复合的过程不会在外电路形成电流。

3）扩散

带电粒子由于热运动、碰撞等原因，从高浓度区移动至低浓度区，甚至逃逸出电场区，使得整个空间的带电粒子浓度趋于一致，称为带电粒子的扩散。扩散会使得放电过程减弱或停止，气体压力越小，或温度越高，扩散作用就越强，所以在真空中，电弧由于扩散作用极强而非常容易熄灭。

（二）均匀电场中气体的击穿过程

均匀电场中气体的击穿过程与气体的相对密度 δ 和极间距离 d 的乘积 δd 有关。δd 不同时，各种游离过程的强弱不同，空间电荷所起的作用也不同，因此放电的机理也不同。汤逊理论（电子崩理论）适合于 δd 值较小情况下气体放电，而流注理论适合于 δd 值较大情况下气体放电。

均匀电场是指在电场中，电场强度处处大小相等、方向相同。击穿电压或击穿场强是表征气体间隙绝缘性能的两个重要参数。击穿电压是电介质击穿时的最低临界电压，击穿场强是均匀电场中击穿电压与间隙距离之比。

1. 汤逊理论（电子崩理论）

1）电子崩

由前面内容可知，给电介质两端施加直流电压，电介质中会出现电导电流，当 $U_A \leqslant U < U_B$ 时，内部自由电子产生的电导电流达到饱和，增大电压无法继续增加电流，而电压继续增加 $U \geqslant U_B$ 后，外界游离因素在阴极附近产生一个初始电子，初始自由电子在加速的过程中碰撞其他粒子会发生碰撞游离产生一个正离子和一个新的自由电子。新产生的自由电子在电场的作用下也会向阳极定向加速移动，如果电场强度足够大，则新产生的自由电子和之前的自由电子会碰撞其他粒子发生碰撞游离，产生两个正离子和两个新的自由电子，如此发展下去，空间中的自由电子和正离子会迅速增多，像雪崩一样发展，这种急剧增大的空间电子流称为电子崩，如图 1-12（a）所示。

由于电子的质量远比离子小，因此，电子做定向移动的加速度远比离子大，形成的电子崩的头部会不断向前扩展，挤在一起；而正离子的质量较大，并且不同分子形成的正离子质量各不一样，所以它们加速度较小，各不一样，因此稀疏地遍布在电子崩的中部与尾部，如图 1-12（b）所示。

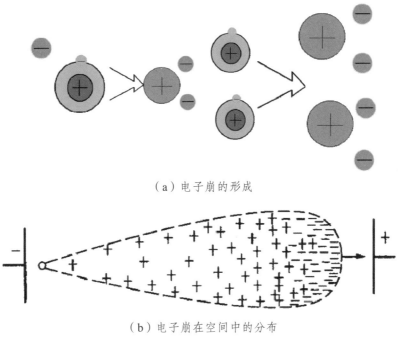

（a）电子崩的形成

（b）电子崩在空间中的分布

图 1-12　电子崩示意图

2）汤逊理论的自持放电条件

汤逊理论认为，在气体密度不大，间隙距离较小的均匀电场中，间隙的击穿主要是由于自由电子的碰撞游离产生的电子崩以及正离子撞击阴极表面所引起（汤逊理论适用于低气压、短间隙均匀电场）。

如图 1-13 所示，当 $U_B < U < U_0$ 时，由于发生碰撞游离和电子崩而导致电流增加，此过程称为非自持放电；而当 $U > U_0$ 后，气隙中游离出大量带电粒子，气体电介质被击穿，由绝缘介质转变为良导体，此过程称为自持放电。

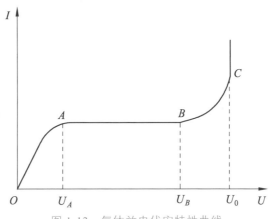

图 1-13　气体放电伏安特性曲线

汤逊理论认为，电子崩发展到阳极时，其崩头的电子将进入阳极发生中和，崩体内部的正离子则在电场的作用下缓慢加速向阴极运动，如果此时电场强度不够大，则正离子到达阴极撞击阴极表面时，其撞击动能小于阴极金属的逸出功，或者撞击出少量自由电子后又与其他的正离子复合变为中性粒子，最终导致阴极表面不再产生新的自由电子。此时若取消外界的游离因素（如短波照射等），气隙中由于自由电子无法得到补充，放电便会停止，这种依赖于外界游离因素才能维持的放电称为非自持放电。

而假如该气隙中电场强度较强，正离子撞击阴极表面动能足够大，则会使得阴极表面逸出大量的自由电子，自由电子在与其他正离子复合后，还有剩余，那么气隙中的自由电子便得到了补充，放电就可以在没有外界游离因素的情况下持续下去，这种不依赖于外界游离因素，靠电场本身就能维持的放电称为自持放电。

非自持放电转入自持放电的必要条件即是：由最初 1 个自由电子产生的电子崩从阴极出发发展到阳极后，崩中的正离子在电场的作用下向阴极移动，最终撞击阴极金属表面，至少能够碰撞出 1 个有效的自由电子，那么放电过程便能转入自持。整个过程如图 1-14 所示（注：本教材已省略计算和分析过程）。

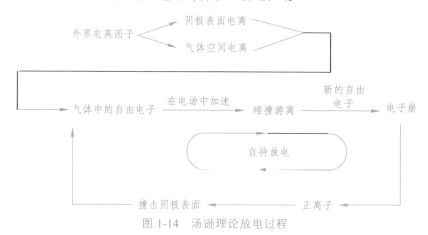

图 1-14　汤逊理论放电过程

要注意的是，汤逊理论仅用于低气压、短间隙的均匀电场情况。在均匀电场中的 BC 段非自持放电阶段，电流随电压升高按指数规律上升，但是电流基数非常小，小于微安级，此时气体仍保持一定的绝缘性能，到达自持放电阶段后，电流骤增，电介质会完全失去绝缘能力，出现击穿现象，因此，当均匀电场中放电达到自持，便意味着该气隙发生了击穿，U_0 也称为该气隙的自持放电起始电压。

2. 巴申定律

早在汤逊理论提出以前的 1889 年，物理学家巴申就从试验中得出，在均匀电场中，当气体电介质和电极材料一定时，气隙的击穿电压 U_b 是气体电介质的相对密度 δ（无量纲量，空气 0 ℃、101.325 kPa 状态下等于 1）和气隙距离 d 乘积的函数（均匀电场中击穿电压 U_b 与自持放电起始电压 U_0 相等），即

$$U_b = f(\delta d) \tag{1-7}$$

这个规律就称为巴申定律，后来汤逊从理论上论证了巴申定律的正确性，巴申定律也为汤逊理论提供了试验支持。

图 1-15 为从试验中得出的空气间隙的击穿电压 U_b 与 δd 的函数关系图。整个图形呈现 "$\sqrt{}$" 形，即对应某一 δd 气隙的击穿电压最低。

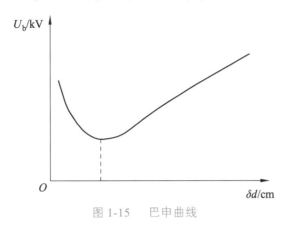

图 1-15　巴申曲线

击穿电压 U_b 与 δd 之间的关系可以这样解释：

先令间隙距离 d 不变，气体密度 δ 从真空开始增加。

（1）接近真空时，气体分子间距非常大，虽然电子自由行程 λ 很大，电子能量很高，但是由于分子过于稀疏，碰撞次数太少，导致新游离的自由电子数目太少，所以很难发生击穿放电，故击穿电压 U_d 很高。

（2）随着气体密度增大，分子数量增多，碰撞游离次数也增多，自由电子数随之增加，故击穿更加容易，U_d 降低。

（3）当 U_d 降低至最低点附近时，再增加气体压力，分子间平均间距过小，导致电子自由行程 λ 不足，电子动能低于游离能就频繁发生碰撞，导致碰撞过多却很难发生碰撞游离，所以击穿再次变得困难，U_d 升高。

若令气体密度 δ 不变，间隙间距从接近 0 开始增加。

（1）最初由于距离太短，很难发生有效碰撞，自由电子产生后往往很快进入阳极中和，所以不容易发生击穿，U_d 很高。

（2）增大间距，碰撞概率增加，击穿变得更容易，故 U_d 降低。

（3）从曲线最低点继续增加间隙间距，间隙间场强减小，导致电子加速过慢，自由行程 λ 需要很大才能发生有效碰撞，击穿变得更难，故 U_d 增加。

巴申定律指出在不改变气隙尺寸的情况下提高气体击穿电压的方法是提高气压或提高真空度，这两者在工程上都有实用意义，如真空断路器和已经淘汰的压缩空气断路器均利用了巴申定律。

3. 流注理论

汤逊理论讨论了低气压、短间隙的均匀电场，而在电力系统中遇到的放电现象往往是气压较高、间隙距离较大的情况，此时空间中电荷量可以达到较大数值，光游离和热游离效果显著，它们对气体放电有着重大影响，而这些因素都是汤逊理论没有考虑的，因此汤逊理论不能用来说明高气压、长间隙情况下的击穿过程。

一般认为，汤逊理论只适用于 $\delta d < 0.26\ \text{cm}$ 的低气压、小间隙的气体间隙。当 $\delta d > 0.26\ \text{cm}$ 时，采用流注理论解释放电更加准确。与汤逊理论自持放电不同的是，流注理论认为碰撞游离和空间光游离是形成自持放电的主要因素，而空间电荷对电场的畸变作用是产生光游离的重要原因。

1）空间电荷对外电场的畸变作用

均匀电场气隙加上足以引起电子崩的电压时，会形成稳定电子崩，如图 1-16（a）所示。

电子崩崩头主要是电子，而崩中部和尾部分散着正离子，这些空间电荷在气隙中沿轴线分布的浓度如图 1-16（b）所示。

正离子产生的电场强度指向外，自由电子产生的电场强度指向内，以从右往左为正，则电子崩中正离子和自由电子产生的电场强度如图 1-16（c）所示。由于自由电子密度远比正离子大，所以其产生的电场强度在电子崩头和崩中部也远比正离子所产生的电场强度更大。

空间中原有电场为均匀电场，方向从右往左，如图 1-16（d）中虚线所示。此均匀电场与空间电荷产生的电场叠加后如图 1-16（d）中实线所示。

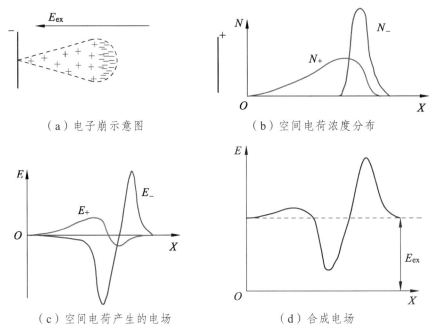

（a）电子崩示意图 　　　　　　（b）空间电荷浓度分布

（c）空间电荷产生的电场 　　　（d）合成电场

图 1-16　均匀电场空间电荷对电场的畸变作用

从图 1-16（d）中可见，原本均匀的电场，由于电子崩的存在，而畸变得不均匀了。电子崩头部的场强得到了加强，而崩头内部正、负电荷交界处的电场被大大削弱，崩尾的场强有一定加强，但是程度很低。

电场畸变的程度与电子崩中的空间电荷数量、电子崩规模有关，当气体状态一定时，外加电场越高，电子崩发展的规模越大，空间电荷数量也就越大，电场畸变就越严重。

在电子崩头部附近，由于电场强度大大加强了，更有利于分子的激发。而崩头激发态的粒子越多，反激励就越多；在电子崩中部，电场强度大大削弱了，便有大量正负粒子复合形成中性分子。这两个过程都会释放大量光子，电场畸变程度越深，光子能量就越大，当光子能量达到一定数值后，就足以引起空间中其他粒子发生光游离。

2）流注的形成

根据气隙上施加的外加电压大小，气隙中放电有几种不同的情况。

（1）当外加电压小于气隙的击穿电压而能够发生碰撞游离时，产生的电子崩即使走过了整个气隙，崩内的空间电荷数量仍不足以使电场发生严重畸变，不能引起光游离。电子崩达到阳极后，发生中和，正离子也逐渐从阴极获得电子还原为中性分子，此时如果没有外界游离因素的作用，放电将停止，不能达到自持放电。

（2）如果外加电压等于气隙的击穿电压，气隙将发生击穿现象，首先在外界游离因素的作用下，由阴极释放自由电子，然后电子形成电子崩向阳极发展。当电子崩走完整个间隙时，电子崩内空间电荷恰好能使电场发生严重畸变以至于引起空间光游离。

此时崩头前方电场加强区域内激发的分子回到正常状态，崩中部电场被削弱的区域大量正负粒子发生复合作用，这两个过程释放出大量的光子，光子引起空间中其他粒子发生光游离，在崩头区域形成的光电子再次形成新的电子崩，称为二次电子崩。

主电子崩头部的电子迅速进入阳极发生中和，而二次电子崩由于离阳极较远，崩中的电子不能立刻中和，它们会进入主电子崩头部的正离子区域，与正离子结合形成大量的负离子。这样，在主电子崩头部就形成了正负离子大致相等的区域，该区域也叫作等离子体，这就是所谓的流注。

等离子体的导电性能较好，通道内场强较低，因而它的出现使得流注前方电场得到了加强，所以在流注头部发生大量的光游离，出现大量的二次电子崩，并被吸引向流注头部运动，这样使得流注不断地向阴极推进。并且流注离阴极越近，其头部场强就越大，发展速度就越快。

当流注发展到接近阴极时，其头部与阴极间的场强已经变得非常大，发生极强烈的游离，产生大量带电粒子定向移动，并且从电场中获得巨大的能量转化为热能，使得流注通道头部温度高达上千摄氏度，又导致了热游离，故此时由流注过渡为火花放电或电弧放电，间隙击穿完成。

（3）上述击穿过程的流注是由阳极向阴极推进的，称为正流注。如果外加电压大于气隙的击穿电压，还会出现由阴极向阳极发展的流注，称为负流注。此时主电子崩不需要发展到阳极，空间电荷对电场的畸变作用就足以引起空间光游离，形成二次电子崩和流注，导致整个气隙中既有阴极向阳极推进的负流注，也有从阳极向阴极推进的正流注。

3）流注理论的自持放电条件

流注理论认为，间隙中一旦形成流注，放电即可依赖本身产生的光游离自行维持，所以其自持放电的条件也就是流注形成的条件。由上节可知，只有当主电子崩中的电荷达到一定数量，使得电场畸变到一定程度发生空间光游离，流注才能形成。因此，流注形成的条件也就是主电子能中电荷必须达到一定的数值。对均匀电场来说，放电达到自持，也就意味着间隙将被击穿，所以自持放电条件也就是导致击穿的条件，在大气条件下，流注理论认为放电的发展转入自持的条件也就是发生空间光游离。

（三）不均匀电场中气体的击穿过程

上述内容均是研究均匀电场，即是气隙中各处场强大小方向均相等，而电力系统中遇到的气体间隙，其电场往往都是不均匀的。不均匀电场可分为稍不均匀电场和极不均匀电场两类，稍不均匀电场中的放电特点与均匀电场比较类似，即放电达到自持，间隙就会发生击穿。而极不均匀电场却大不相同，有许多新特点，诸如击穿前存在电晕放电，电场不对称时存在极性效应等。

极不均匀电场间隙中，间隙距离往往很大，击穿电压主要取决于间隙距离，而与电极形状关系不大，故常使用"棒-板""棒-棒"电极作为研究极不均匀电场特性的典型电极。前者代表不对称的极不均匀电场，后者代表对称的极不均匀电场。

1. 电晕放电

1）电晕的产生

在高压特别是超高压输电线路上，潮湿气候下，导线接头、金具、绝缘材料端部附近，常常会出现一种淡紫色的光晕（只有在夜晚或使用特殊仪器才能看见），并且发出"滋滋"声，这种现象叫作电晕放电，如图 1-17 所示。

电晕放电是指在极不均匀电场中的大曲率电极附近发生的局部自持放电现象。在极不均匀场强中，距离大曲率电极

图 1-17　电晕放电

越近，电场强度就越大，当间隙的电压升高，而间隙中平均场强还远没有达到击穿场强的情况下，大曲率电极附近的场强却率先达到了足以引起强烈游离的数值，则在这一局部区域内，就形成了自持放电，由于放电过程也伴随大量的去游离（反激发）和复合而发出光子，产生薄薄的淡紫色发光层，伴随"滋滋"声，并且产生臭氧。

电晕放电是极不均匀电场特有的一种自持放电形式，通常把能否出现稳定的电晕放电作为区分极不均匀电场和稍不均匀电场的一个重要标志。开始出现电晕时的电压称为起晕电压，而此时出现电晕的电极表面场强称为起晕场强。

2）电晕放电的影响

电晕带来的负面影响主要有以下 4 点：

（1）电晕放电过程中电子崩和流注不断产生、消失和重新出现会产生脉冲性质的电晕电流，它所形成的高频电磁波会在无线电频率的范围内造成一定干扰，包括无线电信号、电视信号和载波通信信号等都有可能受到干扰。

（2）电晕放电过程中会发出声音、发出光、出现热效应、使介质发生化学反应等，都会消耗一定能量，所以电晕放电会造成输电线路损耗，对输电效率有一定影响。

（3）电晕能使空气发生化学反应，形成臭氧和氮氧化物等有害气体，臭氧有强氧化性，而氮氧化物能够与水结合形成硝酸类物质，它们对金属和固体绝缘都具有腐蚀作用。

（4）电晕能够发出可闻噪声。从"心理声学"的观点看，可闻噪声是一个相当严重的问题，高频的噪声能够使周围居住的人或动物感到焦躁不安，引起失眠或其他精神疾病。不光对于人类，对于大自然来说，噪声也是一种污染，电网在设计和建设过程中，应当考虑人与自然的协调发展，可持续发展。

消除电晕的根本途径是降低导体表面电场强度，主要方法有改进电极形状、减小电极曲率，如变压器、断路器等设备出线电极都采用均压环来减小电极的曲率，又如

超、特高压输电线路采用分裂导线等。对于 220 kV 以下的输电线路和配电线路，由于电晕放电造成的影响都很小，所以通常没有采用额外的方法来专门限制电晕。

电晕放电除了有以上种种危害以外，也有对我们有利的一面，例如在输电线路上面传播的过电压波，会由于电晕的存在而发生衰减，降低波前陡度；电晕放电还在静电除尘、静电喷涂、臭氧发生器等工业设施中得到广泛的应用。

2. 极性效应

对于电极形状不对称的极不均匀电场，如"棒-板"间隙，棒的极性不同时，间隙的起晕电压和击穿电压各不相同，这种现象称为极性效应。极性效应是不对称的不均匀电场所具有的重要特征之一。

极性效应是由于棒的极性不同时，间隙中的空间电荷对外电场的畸变作用不同而引起的。给"棒-板"间隙加上直流电压，不论"棒"的极性如何，间隙中的电场分布都是很不均匀的。

1）负棒正板

如图 1-18（a）所示，此结构为负棒-正板结构，电场为方向从右往左的极不均匀电场，由于阴极是"棒"结构，因此阴极周围电场极不均匀。当电场达到一定数值之后，阴极附近率先发生局部自持放电（电晕），电子崩崩头朝向阳极（板极）。

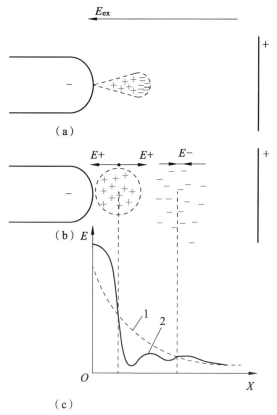

（a）形成电子崩　（b）电子崩中的电子离开强电场区　（c）电场分布曲线
1—外电场沿间隙的分布；2—考虑空间电荷的电场后间隙中的电场分布。

图 1-18　极性效应（负棒-正板）

此时电子崩会向阳极发展，发展到强场区域外后，其电子很难再引起碰撞游离，大量电子会发生扩散、进入阳极中和或与分子结合形成负离子分散在整个间隙低场强区域中，形成很分散的空间负电荷，即如图 1-18（b）所示的蓝色负电荷。而由于正离子质量大，难以移动，所以在棒极附近会出现很集中的正离子区域。

正离子产生的电场强度指向外，由于很集中，所以强度很大；负离子和电子产生的电场强度指向内，由于很分散，所以强度很小，影响也很小。

在图 1-18（c）中虚线波形为"负棒正板"间隙原本电场强度大小，阴极附近电场强度最大，逐渐减小，到达阳极后逐渐变为均匀的小强度电场。而与空间电荷产生的电场叠加后为实线波形，可以看出在阴极附近，电场得到了加强，而在间隙中部，电场得到了削弱。

2）正棒负板

如图 1-19（a）所示，此结构为正棒-负板结构，电场为方向从左往右的极不均匀电场，由于阳极是"棒"结构，因此阳极周围电场极不均匀。当电场达到一定数值之后，阳极附近率先发生局部自持放电，电子崩崩头朝向阳极（棒极）。

当电子崩发展到棒极时，崩头的电子迅速进入阳极中和，此时由于正离子质量大，运动困难，只能缓慢向阴极移动，所以大量正离子聚集在阳极附近，如图 1-19（b）所示。

这些大量正离子产生指向外的电场强度，与原有电场强度[图 1-19（c）虚线波形]相互叠加，形成如图 1-19（c）中实线波形。可以看出，在阳极附近，电场得到了削弱，而在间隙中部，电场得到了加强。

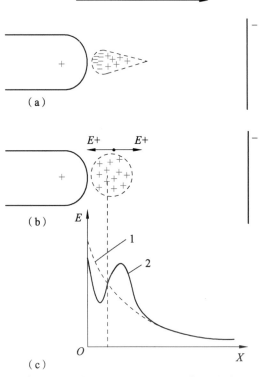

（a）形成电子崩　（b）棒极附近的正间空电荷　（c）电场分布曲线

1—外电场沿间隙的分布；2—考虑空间电荷的电场后间隙中的电场分布。

图 1-19　极性效应（正棒-负板）

综上所述：

（1）对于负棒-正板结构，"棒极"附近场强被增强，则在"棒极"容易发生电晕，因此起晕电压较低；而间隙中部电场被削弱，则不利于流注发展，击穿困难，因此击穿电压较高。

（2）对于正棒-负板结构，"棒极"附近场强被削弱，则在"棒极"不容易发生电晕，因此起晕电压较高；而间隙中部电场被增强，则有利于流注发展，击穿容易，因此击穿电压较低。

由于棒-板间隙在棒极为正时的击穿电压低于棒极为负时的击穿电压，故工程中不对称-不均匀电场气隙的绝缘距离应根据棒-板间隙在正极性电压作用下的击穿特性曲线确定。

3. 不均匀电场的"短"间隙和"长"间隙

对于均匀电场而言，通常距离 $d < 2.6$ mmr 的称为短间隙，使用汤逊理论解释，$d > 2.6$ mm 的称为长间隙，使用流注理论解释。而对于不均匀电场而言，间隙距离往往比较大，通常以 1 m 为限，间隙距离 $d < 1$ m 为短间隙，利用流注理论解释，而对于间隙距离 $d > 1$ m 的情况，例如雷电放电，称为长间隙，需要利用先导理论解释（本教材不做先导理论分析）。（需要注意的是，所谓"长"和"短"间隙并没有严格的界限，所以文中没有使用等号。）

长间隙不均匀电场的放电过程为：电晕放电→先导放电→主放电。先导放电是极不均匀电场下长气体间隙中的一种放电形式，是连接流注放电与主放电的中间环节。对于长间隙极不均匀电场，流注放电形成的通道不足以贯穿整个间隙。当流注通道发展到足够长度时，较多电荷沿着流注通道移动，通过根部的电荷数量大量增加，导致流注根部温度升高，产生了热游离过程，则称该游离通道为先导通道。

主放电通道也是极不均匀电场下长气体间隙中的一种放电形式，是一种温度极高（通常在 5 000 K 以上）、导电性极强的放电通道，诸如雷电的放电通道就属于主放电通道。

二、不同电压类型作用下击穿特性

（一）持续电压作用下的空气击穿特性

空气间隙的击穿过程与很多因素有关，如电场的均匀程度、间隙的距离、气体的状态、电压的种类等。上述三节主要讨论了电场均匀程度和间隙的距离对击穿的影响，接下来三节内容主要讨论电压的种类对空气间隙击穿过程的影响。

在电力系统中，空气间隙一般会承受三种类型电压的作用，包括持续电压、雷电冲击电压、操作冲击电压。这三类电压主要的区别在于电压变化的速度、电压变化的波形以及电压的峰值。其中持续电压是指直流电压或者是工频交流电压，这类电压最大的特点是其电压变化速度和间隙击穿的速度相比非常小，所以在持续电压作用下，放电发展的时间可以忽略不计，只要作用到气隙的电压达到击穿电压，气隙就能够发生击穿。所以在持续电压作用下的气隙击穿电压与放电发展时间无关，在电场形式、空气的状态一定的情况下，击穿电压仅取决于间隙距离。

在持续电压作用下，间隙的击穿电压也称为静态击穿电压。

本节将从电场的均匀程度出发，讨论均匀电场、稍不均匀电场、极不均匀电场的空气间隙在持续电压作用下的特点。电场是否均匀可以用不均匀系数来表示，所谓电场不均匀系数是指电场中最大场强与平均场强之比，当系数为 1 时，属于均匀电场；当系数在 1~4 时，属于稍不均匀电场；而系数大于 4，则为极不均匀电场。

1. 均匀电场的击穿电压

均匀电场空气间隙在持续电压作用下有如下特点：

（1）因为电场是对称的，故没有极性效应。

（2）由于间隙中各处场强相等，故击穿前无电晕发生，击穿电压等于起晕电压。

（3）由于属于均匀电场，所以间隙距离必定极短，各处场强也相等，所以击穿时间非常短，因而无论其直流或交流波形如何，其击穿电压峰值都相同，分散性很小；

（4）1 cm 左右的均匀电场的空气间隙击穿场强峰值大约 30 kV/cm。

2. 稍不均匀电场的击穿电压

随着空气间隙的距离逐渐增大，均匀电场会逐渐过渡至稍不均匀电场。在工程中，常使用"球-球"间隙来模拟各种类型的击穿试验。稍不均匀电场的空气间隙在持续电压作用下有如下特点：

（1）电场有一定的不对称性，在直流电压作用下有极性效应，但是不显著。

（2）击穿前一瞬间有电晕发生，但是不稳定，即一出现电晕，气隙立刻击穿，起晕电压和击穿电压几乎一样。

（3）间隙距离一般不是很大，放电发展时间很短，因而无论其直流或交流波形如何，其击穿电压峰值基本相同，分散性小。

（4）稍不均匀电场的具体击穿场强与电场不均匀系数有关，而此系数取决于具体的电极结构和间隙距离，但其击穿场强均小于均匀电场的 30 kV/cm。

3. 极不均匀电场的击穿电压

随着空气间隙的距离逐渐增大，稍不均匀电场会逐渐过渡至极不均匀电场，极不均匀电场的空气间隙在持续电压作用下有如下特点：

（1）因空间电荷在"棒-板"极性不同时，对放电影响过程不一样，所以击穿电压具有明显的极性效应。

（2）由于存在局部强电场区域，所以在气隙击穿前有稳定的电晕存在，起晕电压明显低于击穿电压。

（3）因间隙距离较大，放电发展所需要时间较长，故外加电压波形对击穿电压影响很大，击穿分散性较大。

（4）对于间隙距离较短的极不均匀电场而言，其击穿电压与"棒"极的形状有一定关系，特别是在"棒"为正极时，而当间隙距离很长时，电极形状对击穿电压就不再有影响了。

由于以上特点，极不均匀电场空气间隙的击穿电压需要分为直流和交流两种情况讨论：

1）直流电压作用下的击穿

图 1-20 所示为"棒-板"和"棒-棒"间隙的直流击穿电压与气体间隙距离的关系。

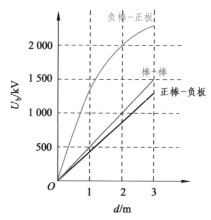

图 1-20　各类空气间隙的直流击穿电压与距离关系图

由图 1-20 可见,电场不对称的"棒-板"间隙的击穿电压存在着明显的极性效应,其中"棒"为正极时,击穿电压比"棒"为负极时低很多。"棒-棒"结构的空气间隙击穿电压介于极性不同的"棒-板"间隙之间。

试验结果表明,在图示距离范围内,"棒-板"间隙中,"棒"为正极时,平均击穿场强约为 4.5 kV/cm;"棒"为负极时,平均击穿场强约为 10 kV/cm;"棒-棒"间隙根据接地端不同,击穿场强有微小区别,平均击穿场强约为 5 kV/cm。

2)工频电压作用下的击穿

图 1-21 为"棒-板"和"棒-棒"结构空气间隙在工频交流电压作用下的击穿电压与间隙距离关系图。

由图 1-21 可见,"棒-棒"间隙在击穿电压和击穿场强上,均比"棒-板"间隙要高,这是极性效应的缘故。"棒-板"间隙的击穿总是发生在"棒"为正极,"板"为负极的半个周期峰值处,所以其击穿场强与直流作用下"正棒-负板"时的击穿场强接近。

当距离 $d<2$ m 时,击穿电压和间隙距离呈线性关系;距离 $d>2$ m 后,曲线斜率降低,即为击穿场强出现饱和线性,随距离增加反而降低。这种饱和现象对输电线路电压等级的提高非常不利。例如对于"棒-板"间隙,当 $d=10$ m 时,其平均击穿场强降为 2 kV/cm(峰值),所以在输变电设备设计时,应当尽量避免该类间隙。

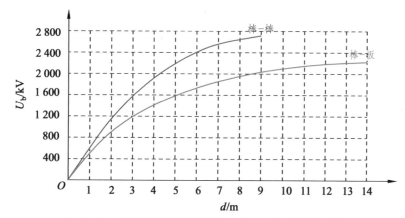

图 1-21　各类空气间隙的交流击穿电压与距离关系图

（二）雷电冲击电压作用下的空气击穿特性

完成击穿需要的时间往往很短，以微秒计，所以在持续电压作用下，其电压的变化在击穿过程中，可以忽略不计。而电力系统中的雷电冲击电压是由于雷云放电引起的，其波形具有单次脉冲性质，作用时间极短，也是以微秒计，所以雷电波放电时间与击穿时间相比较为接近，因此空气间隙在雷电冲击电压作用下具有与持续电压作用下不同的特点。

1. 标准雷电压波形

雷电放电具有很大的随机性，每次雷击产生的雷电波均不相同，为了使试验结果能够相互比较，需规定标准波形。

高压试验中均是使用冲击电压波来模拟雷电压波，所以在制订冲击电压波标准波形时，需要以电力系统绝缘在运行中受到的雷电压波波形作为原始数据，并考虑在实验室中产生这种冲击电压波的技术难度，所以一般需要做一些简化和等效处理。

我国的标准规定雷电冲击电压波形采用的是非周期性双指数波，可以用图 1-22 所示的波前时间 T_1 和半波峰时间 T_2 来表示。（注：为方便观察，该波形图采用非线性坐标。）

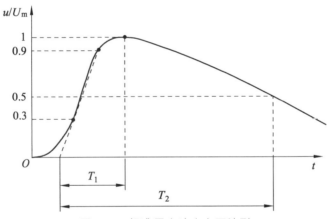

图 1-22　标准雷电冲击电压波形

波前时间 T_1 为电压从零（由波峰与 0.3 倍波峰点连线延长线决定）上升至波峰所需要的时间，半波峰时间 T_2 为电压从零上升至波峰后下降为二分之一的峰值所需要的时间。国际电工委员会（IEC）规定 $T_1 = 1.2\,\mu s$，允许偏差 ±30%；$T_2 = 50\,\mu s$，允许偏差 ±20%，通常写成 ±1.2/50 μs，前面的正负号表明雷电压的极性。有一些国家采用 ±1.5/40 μs 的标准波，与我国采用的标准波有微小差别。

2. 击穿时间

图 1-23 为在冲击电压作用下空气间隙击穿的击穿电压波形。间隙从开始出现电压到完全击穿所需要的时间称为击穿时间 t_b，它由下列三部分组成：

（1）升压时间 t_0：电压从零升高到持续电压下的击穿电压（静态击穿电压 U_0）所需要的时间。

（2）统计时延 t_s：从电压达到 U_0 开始，到间隙中形成第一个有效电子所需要的时间。

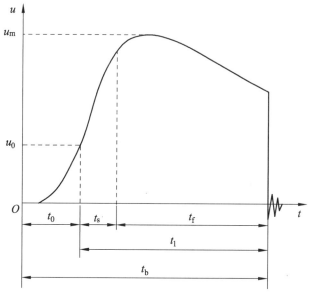

图 1-23　冲击电压作用下空气间隙击穿电压波形

（3）放电形成时延 t_f：从形成第一个有效电子开始，到间隙完全被击穿所需要的时间。

在对气隙加压的过程中，会产生大量的自由电子，而其中很大一部分自由电子并不能引起电子崩、流注等一系列的游离过程，无法让气隙被击穿，而能够引起一系列游离过程，让气隙被击穿的电子，便称为有效电子。

在升压时间中，即使电压已经达到 U_0，但是击穿过程还没有开始，由于有效电子需要达到 U_0 后一段时间才能产生，所以产生有效电子的时间往往比升压时间更长。而且其出现具有一定的偶然性，是一个随机事件，与电压大小、间隙中光照强度等因素均有关系，所以统计时延具有分散性。

而产生有效电子后，间隙中开始出现各种游离过程，放电开始发展，其发展所需要的时间与间隙距离有很大关系，其他的影响因素也较多，所以放电形成时延也是具有一定分散性的。

击穿时间 t_b 可以表示为：

$$t_b = t_0 + t_s + t_f \tag{1-8}$$

其中 t_s 和 t_f 可统称为放电时延 t_l：

$$t_l = t_s + t_f \tag{1-9}$$

对于短间隙（1 cm 以下），特别是均匀电场，由于其间隙距离非常短，因此放电发展时间非常短，t_f 远小于 t_s，所以放电时延就等于统计时延。只有在电场极不均匀并且间隙距离较大时，放电形成时延才会远大于统计时延。

3. 伏秒特性

从前面可以看出，一个间隙的击穿，不仅需要足够的电压，还需要充分的时间来完成击穿。在持续电压作用下，电压达到静态击穿电压后的放电时延内，电压基本保持不变，所以击穿时间可以忽略，击穿电压就等于静态击穿电压，整个击穿过程可以仅用电压一个参数就能描述。

而在冲击电压作用下，由于冲击电压的变化速度非常快，在放电时延内，电压变化比较大，击穿电压往往高于静态击穿电压，而其击穿时间会随着电压变化而变化，没有固定数值。所以在雷电冲击电压作用下的间隙，击穿过程不能使用单一的电压来描述，而需要使用击穿电压和击穿时间这两个参数来共同描述。

对于某一冲击电压波，某一个间隙的击穿电压（最大值）和击穿时间的关系，称为伏秒特性，它可以全面地反映该间隙在该冲击电压波作用下的击穿特性。

伏秒特性的求取可以用试验方法。保持冲击电压波波形不变（T_1/T_2 固定），逐级提高电压进行多次击穿试验。

当电压波峰值较低时，击穿过程往往较长，发生在波尾；而随着电压波峰值的提高，击穿时间会越来越短，甚至在达到峰值前，便发生击穿。

如图 1-24 所示，以击穿时间为横坐标，击穿电压为纵坐标，每一次试验，都可得到一个（击穿电压，击穿时间）坐标点，由于放电的分散性，在多次试验后，得到的坐标点在坐标轴中会产生一个以上包络线和下包络线为界的带状图形，如图 1-25 所示。其中带状图中心蓝色线可称为 50% 伏秒特性曲线，也可以仅用 50% 伏秒特性曲线来表征其击穿特性。

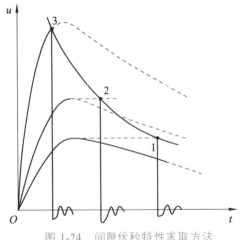

图 1-24　间隙伏秒特性求取方法

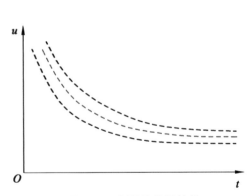

图 1-25　实际的伏秒特性

伏秒特性曲线与间隙的类型和电压的波形有非常大的关系，故在不同间隙下，或者不同类型电压波形下，伏秒特性是不能混用的。例如在均匀或稍不均匀电场中，伏秒特性曲线就非常平坦，而且分散性很小（带状图窄），而极不均匀电场中，伏秒特性就非常陡峭，分散性大，如图 1-26 所示。

伏秒特性主要用于避雷器对各电气设备的保护（见项目 2 任务 1）。

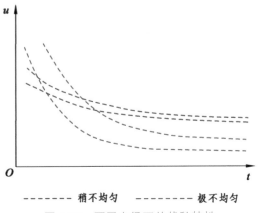

- - - - - - 稍不均匀　- - - - - - 极不均匀

图 1-26　不同电场下的伏秒特性

4. 50%冲击击穿电压

间隙的伏秒特性能够比较全面地反映其在冲击电压作用下的击穿特性，但是求取较为复杂烦琐，所以在实际工程中，常采用50%冲击击穿电压来近似表征某一波形下、某一间隙的冲击击穿特性。

50%冲击击穿电压用$U_{50\%}$来表示，是指多次施加某一波形和固定峰值的冲击电压时，间隙击穿概率为50%时，其施加的电压峰值。实际试验中，保持波形和峰值不变，对某一特定间隙进行施压10次，有4~6次发生击穿，则此电压峰值即可作为该气隙的$U_{50\%}$。

50%冲击击穿电压$U_{50\%}$与静态击穿电压U_0的比值称为冲击系数，以β表示：

$$\beta = \frac{U_{50\%}}{U_0} \tag{1-10}$$

对于均匀电场和稍不均匀电场，放电时延非常短，击穿电压分散性小，所以冲击系数$\beta \approx 1$；对于极不均匀电场，放电时延较长，击穿电压分散性大，故冲击系数$\beta > 1$。

需要注意的是，对于不同波形或者不同类型的间隙，50%冲击击穿电压是不同的，所以对于不同波形或不同间隙，$U_{50\%}$不能混用，需要重新试验。

（三）操作冲击电压作用下的空气击穿特性

操作冲击电压是电力系统由于开关操作或发生事故而在设备上产生的一种冲击过电压。不均匀电场空气间隙在操作冲击电压作用下的击穿有一系列新特点，这些特点对超特高压输电线路以及配电装置空气间隙距离的确定有着重要意义。

1. 标准波形

我国国家标准规定的操作冲击电压波形也采用非周期双指数波。其中波前时间$T_p = 250\ \mu s$，允许偏差±20%，半波峰时间$T_2 = 2\ 500\ \mu s$，允许偏差±60%，即操作冲击电压标准波形记为250/2 500 μs，如图1-27所示。

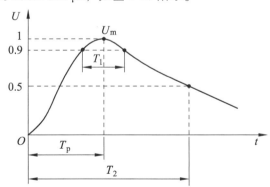

T_p—波前时间；T_2—半峰值时间；U_m—冲击电压峰值；T_1—超过90%峰值以上的时间。

图1-27 标准操作冲击电压波形

2. 操作冲击下的击穿特性

与雷电冲击相同，操作冲击电压作用下，工程中也采用$U_{50\%}$来表征其击穿特性。

（1）操作冲击电压波形对$U_{50\%}$影响非常大。

操作冲击电压作用下波前时间较长，击穿通常发生在波前时间部分，所以击穿电压与波前时间关系较大，与表征波尾的半波峰时间几乎无关。试验表明，"棒-板"空气间隙在操作冲击电压的波前时间与 $U_{50\%}$ 函数关系往往形成一个"U"形曲线,即当波前时间非常短时,$U_{50\%}$ 较高,随着波前时间增加,$U_{50\%}$ 会先降低,再升高。输电线路和配电装置中有大量"棒-板"间隙的空气间隙,因此在设计中应当特别注意操作过电压作用时的击穿电压极小值影响。

(2)操作冲击电压下的极性效应显著。

操作冲击电压作用下,极性效应在空气间隙距离较大时非常显著,"正棒-负板"的情况下 $U_{50\%}$ 远低于"负棒-正板"。

(3)电极形状对 $U_{50\%}$ 影响很大。

输电线路和配电装置的空气间隙结构多种多样,在正极性操作冲击电压作用下 $U_{50\%}$ 差别很大,与电极形状关系很大,不能单纯使用"棒-板"模型的情况来估算。

(4)击穿电压分散性大。

在极不均匀电场中,操作冲击电压作用下的击穿电压分散性非常大,表现为伏秒特性带状图较宽,多次 $U_{50\%}$ 试验结果差别较大,因此相比 $U_{50\%}$ 而言,使用伏秒特性来反映更加精确。

(5)击穿电压具有明显的饱和性。

在持续电压作用下,极不均匀电场中的击穿电压和间隙距离有明显的饱和特征(随间隙距离增加斜率明显下降,击穿场强明显降低,见图 1-21),而对于在操作冲击电压作用下的极不均匀电场,特别是"棒-板"间隙,饱和现象更加严重。

课后思考

1. 原子游离、激发、反激发分别是什么?
2. 什么是自持放电,汤逊理论和流注理论中自持放电的条件是什么?
3. 电晕放电有什么负面效应?
4. 为什么相同条件下负棒正板击穿电压比正棒负板更高?
5. 伏秒特性是什么?有什么用途?
6. 雷电作用下间隙击穿时间由哪几部分构成?

任务 3 提高气体间隙的击穿场强

知识目标

能区分击穿场强和击穿电压;牢记提高气体间隙击穿场强的方法。

素质目标

培养学生重视知识的推导,养成良好的科学态度。

提高气体间隙的击穿电压有一个非常简单的办法,就是增加气体间隙的长度;但是在电力系统中为了降低成本,总希望配电装置和线路的气体间隙长度或绝缘距离尽可能小一些,所以不能仅使用提高气体间隙长度的方法来提高击穿电压,而必须通过提高气体间隙的击穿场强来提高其击穿电压。

击穿电压通常用 U_b 表示,指气隙发生击穿时的最低临界电压。

击穿场强通常用 E_b 表示，指均匀电场中击穿电压 U_b 与间隙距离 d 之比，即

$$E_b = \frac{U_b}{d} \tag{1-11}$$

提高气体间隙的击穿场强有两个途径：一是改善电场分布，使其尽可能均匀；二是改变气体的状态和种类，使得游离过程得到削弱或者抑制。

（一）改进电极形状以改善电场分布

电场越均匀，气体间隙的平均击穿场强就越大，因此可以通过改进电极的形状，诸如增大电极曲率半径，消除电极表面毛刺、尖角等方法来减小气体间隙中的最大电场强度，使得电场更加均匀。

例如在"棒-板"间隙中，在"棒"极的头部加装一只直径适当的金属球，就能有效地提高击穿场强。

如图 1-28 所示，为采用不同直径的金属球包裹"棒"极，其击穿电压、间隙距离关系图。可见，球的直径越大（曲率半径越大），其函数图像斜率就越大（击穿场强越大）。如在"棒-板"间隙距离为 100 cm 时，采用直径 75 cm 的球形屏蔽包裹"棒"极时，击穿电压能提高近 1 倍。

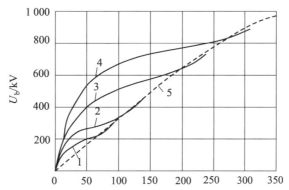

1—D = 12.5 cm；2—D = 25 cm；3—D = 50 cm；4—D = 75 cm；
5—"棒-板"气隙（虚线）；D—球直径。

图 1-28 "球-板"电极击穿电压与间隙距离关系

在许多电气设备的高压出线端（如变压器高压套管出线顶端）都有尖锐的电极，形成"棒"极，为了提高其击穿场强，提高起晕电压，往往需要加装大曲率半径的金属屏蔽罩。

（二）利用空间电荷改善电场分布

对于极不均匀电场，在击穿之前必定会出现稳定的电晕现象，所以在一定条件下，可以利用电晕所产生的空间电荷来调整和改善空间电场分布，以提高气隙的击穿场强。

1. 细线效应

通过前面可知，电场越不均匀，越容易击穿，平均击穿场强越低，但是实际上当"棒-板"间隙的"棒"极直径降低到一定程度后，气隙的工频击穿电压反而会随着直径的降低而增加，出现所谓的细线效应。这是由于非常细的"棒"极会在其端部形成非常稳定的均匀空间电荷层，能够改善整个间隙的电场分布，使得电场更加均匀，因此提高了击穿电压。

2. 屏　障

由于空间电场的分布与带电粒子在空间中的产生、运动、消失有密切的关联，所以在气隙中合适的位置放置形状合适的屏障，能够在一定程度上阻碍空间电荷的移动，调整空间电荷的分布，也能够提高气隙的击穿场强。

屏障用很薄的固体绝缘材料制成，但其主要用途并非绝缘，而是其密封性（拦截正离子）。它一般安装于电晕间隙中，与棒极距离为间隙距离的 1/6 ~ 1/5 效果最佳，并且和电场线垂直。

如图 1-29 所示，（a）（c）图表明了"正棒-负板"结构电极的电晕发展过程，电子中和后，正离子会缓慢向阴极移动，然后畸变电场，形成蓝色曲线所示电场，极易发生击穿。而装设屏蔽后，如（b）图所示，向阴极缓慢移动的正离子会被屏障拦截，并且较为均匀地分布在屏障上，这样就使得屏障与"棒"极之间的电场强度更加平缓，这使得屏障与"板"极之间的电场强度增加，但是电场更加均匀，所以总体来说击穿场强升高了。

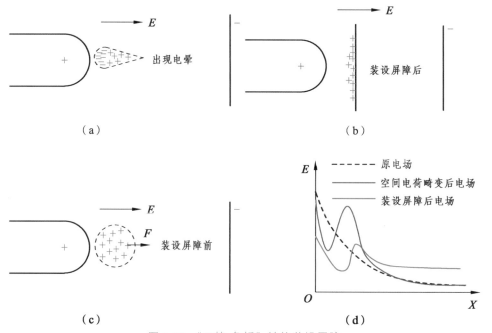

图 1-29 "正棒-负板"结构装设屏障

在工频电压下，由于"棒-板"间隙的击穿总是发生在"棒"为正极的半波内，所以屏障的作用与直流"正棒-负板"情况差不多。

在冲击电压作用下，"正棒-负板"结构依然可以在一定程度上提高击穿电压，但效果不如持续电压作用下显著。

需要注意的是，在"负棒-正板"结构中，由于屏障很难拦截电子，所以对击穿的影响非常小；而"棒-棒"结构中，需要在两个"棒"极均装设屏障才有作用；对于均匀电场和稍不均匀电场，屏障起不到提高击穿电压的作用。

（三）采用高气压

通过巴申定律可知，在均匀电场中，当气体电介质和电极材料一定时，气隙的击穿电压是气体电介质的相对密度 δ 和气隙距离 d 乘积的函数，整个函数关系呈现"√"

的形状，即当绝缘尺寸不变的情况下，击穿电压随气体压强增大而先减小后增大。

在均匀电场中，气体压力在 $10^5 \sim 10^6$ Pa 时，空气间隙的击穿电压随气压的增加而线性增加，当气体压力继续增加时，击穿电压增大的速度会减缓。其主要原因是缩短了电子碰撞的自由行程（分析见巴申定律）。

对于极不均匀电场，增高气压也有助于提高击穿电压，只是效果不如均匀电场中显著，并且在"棒"为正极时，其击穿电压存在极大值，即气压高到一定程度继续增大气压，反而会使得击穿电压在一定程度上降低，这是一个在实际工程中需要注意的现象。

（四）采用高真空

根据巴申定律，除了增大气压可以提高击穿电压外，高真空度的间隙可以使得电子难以发生碰撞，从而显著增大击穿难度，提高击穿电压。

但是巴申定律是适用于均匀电场中，即两极板间间距非常小的情况下，真空间隙电气强度远大于压缩 SF_6 气体和压缩空气，但是随着间隙距离的增大，真空的电气强度就会明显低于 SF_6 气体和压缩空气的电气强度。这也表明当间隙距离增大，电场不再均匀时，巴申定律便不再适用。

高压真空断路器便是采用高真空作为绝缘媒介的一种电气设备，但是由于上述原因和真空断路器工艺要求较高的缘故，目前只有 35 kV 及以下高压断路器使用真空绝缘媒介。

（五）采用高电气强度气体

在众多气体电介质中，一些卤族元素形成的气体化合物，如六氟化硫（SF_6）、氟利昂（CCl_2F_2）等具有较强的电负性，它们的电气强度比空气要高很多，统称为高电气强度气体。采用这些气体来替换空气作为绝缘介质，能够大大提高气体的平均击穿场强，甚至在空气中混入此类气体也有一定作用。

但是在工程中要获得实际应用，光凭其高电气强度是不够的，还要考虑它们的其他物理、化学因素，诸如：① 液化温度要低，这样才能保证高气压下不至于变为液态，以便最大程度增加击穿场强；② 有良好的化学稳定性，以保证该气体不会在承受电压的同时发生分解，不易燃，不易爆，无腐蚀性；③ 对环境没有过多负面影响，无毒；④ 生产成本不能太过昂贵，能够大量供应。

同时完全满足上述条件的高电气强度气体少之又少，工程中只能尽可能地靠近上述要求。目前在工程上唯一获得广泛应用的高电气强度气体只有 SF_6 气体，具体性能及应用在后文中介绍。

需要注意的是，无论是空气间隙的击穿电压，还是绝缘子的沿面闪络电压，都和大气条件，即气体的压力、温度、湿度有关。我国国家标准规定的标准大气条件为：温度 $t_0 = 20\ ℃$，压力 $P_0 = 101.3$ kPa，绝对湿度 $h_0 = 11$ g/m^3。当试验时的大气条件与标准大气条件不符时，应将实际大气条件下的击穿（闪络）电压换算至标准大气条件下，以便于比较。

课后思考

1. 提高气体间隙击穿场强的方法有哪些？
2. 气体间隙击穿场强和击穿电压有什么区别？
3. 气体中设置屏障总是能提高击穿电压吗？

任务 4　气体绝缘电气设备认知

知识目标

能说出 SF_6 气体的重要物理、化学特性；能较为完整地阐述 SF_6 气体的分解、电气特性；能区分各类气体绝缘设备的特点。

素质目标

培养学生对科学的探索精神。

SF_6 气体是 20 世纪 60 年代才开始作为绝缘电介质使用在某些电气设备中，时至今日，它已经是除空气外，使用最广泛的一种气体绝缘电介质了。

SF_6 气体不仅使用于断路器或气体绝缘变压器等单一设备，还被广泛应用于封闭式气体绝缘组合电器（简称 GIS），在超/特高压领域，GIS 更是凸显出常规开关设备无法比拟的优势。

（一）SF_6 气体特性

1. 主要物理化学特性

（1）纯净的 SF_6 气体是一种无色、无味的惰性气体，化学性质稳定，无毒无腐蚀性。

（2）大气压下 SF_6 气体液化温度为 – 63 ℃，断路器中使用的 SF_6 气体压力最高为 7 倍大气压，此时液化温度约为 – 25 ℃。

（3）SF_6 气体微溶于水、醇及醚，可溶于氢氧化钾。

（4）其分子量为 146，密度为空气的 6.6 倍，不易散发，有向低处聚集的倾向。由于 SF_6 气体中常含有各种有毒气体，当其发生泄漏时，容易引起中毒，即使是纯净的 SF_6 气体也能引起窒息，在高浓度下会使人呼吸困难、喘息、皮肤和黏膜变蓝、全身痉挛，故在 SF_6 设备上工作时一定要注意通风，必要时还应佩戴防毒面具。

（5）SF_6 气体的导热性能强，一般为空气的 2～5 倍，因此能够加速电弧的散热。

（6）声音在 SF_6 气体内部的传播速度相比空气较慢，因此在对 GIS 使用超声检查局部放电时，不能按照空气中音速的传播速度计算。

（7）SF_6 气体带来的温室效应高于 CO_2 的 20 000 倍以上，所以已经使用过的 SF_6 气体不能直接排向大气，应当使用专门的 SF_6 回收装置回收。

2. 主要分解特性

SF_6 气体在断路器操作中和出现内部故障时，会产生不同量的、有腐蚀性、高毒性的分解物（如 SF_4、S_2F_2、S_2F_{10}、SOF_2、HF 及 SO_2），会腐蚀金属和绝缘，还会刺激皮肤、眼睛、黏膜，如果大量吸入，还会引起头晕和肺水肿。

（1）SO_2：SO_2 是 SF_6 断路器故障时产生的主要特征分解产物。正常运行的断路器 SO_2 含量极少，发生故障后，能增长 10 倍以上。

（2）HF 和 H_2S：SF_6 气体在电弧作用下分解氟、硫离子，若空间中存在水分子，则会产生出 HF 和 H_2S。HF 有剧毒，吸入后对人体特别是人体骨骼会造成不可逆的伤害。

（3）CO 和 CO_2：当设备内电弧灼伤固体绝缘时，会产生碳氧化物。

（4）CF_4：SF_6 制造过程中会有部分 CF_4，绝缘材料遭受电弧灼伤，会产生大量的 CF_4。

（5）其他分解产物：SO_2F_2 有刺激性气味，水解后生成 HF；S_2F_{10} 是一种无色、无味、无臭的剧毒物质；SF 是无色有刺激性气味的气体，对呼吸系统有破坏作用。

尽管纯净的 SF_6 气体本身无毒无腐蚀性，但是其分解产物的毒性和腐蚀性却会对人体和设备造成伤害，所以在实际工程中常采用吸附剂（如氧化铝、碱石灰、分子筛或它们的混合物）来清除设备内的潮气和 SF_6 气体的分解物。

3. 主要电气特性

SF_6 气体由于其拥有很强的电负性，所以极易与自由电子结合形成负离子，负离子在电场中移动缓慢，碰撞游离概率大大降低，削弱了放电的游离过程，增强去游离过程，因此 SF_6 气体拥有优异的绝缘性能和灭弧性能。SF_6 断路器的绝缘强度约为空气的 2.33 倍，灭弧性能约为空气的 100 倍。

而电场不均匀程度对 SF_6 气体的影响远比空气要大，换言之，它优异的绝缘性能只有在均匀电场中才能得到充分的发挥，所以在设计 SF_6 气体绝缘设备时，应尽可能使气隙中的电场均匀化，使其优秀的绝缘性能得到充分利用。

1）均匀电场

SF_6 的电负性强，在气隙中产生大量负离子，降低了自由电子的数量，首先削弱了碰撞游离和电子崩的发展，其次 SF_6 气体中电子崩中空间电荷对电场的畸变作用会比空气中要小得多，不利于流注发展，从而提高了击穿电压。

2）极不均匀电场

与空气相比，SF_6 气体的击穿电压随电场不均匀程度下降的程度更大，这是 SF_6 气体绝缘的一个重要特点。除此之外，在极不均匀电场中，SF_6 气体的击穿还有异常现象，主要体现在两个方面：① 击穿电压随气体压力增大并不总是增加，而是先增加后降低再增加的一种"驼峰"曲线（电场越不均匀越明显）；② 在一定气压范围内雷电冲击击穿电压明显低于静态击穿电压。

3）影响击穿场强的其他因素

（1）电极表面缺陷：电极表面粗糙度大时，表面凸起部位局部场强过大，因而更容易诱发局部放电甚至击穿。

（2）导电微粒：设备中的导电微粒分为两大类，即固定导电微粒和自由导电微粒。固定导电微粒的作用与表面粗糙不平类似，在交流电压作用下，自由导电微粒在某一电极上被充电，带电后定向运动至极性相反的电极上产生微弱放电，可能会导致整个间隙击穿，但是在冲击电压作用下，导电微粒来不及运动，对击穿电压影响很小。

（二）气体绝缘设备

1. SF_6 断路器

SF_6 断路器是采用 SF_6 气体作为灭弧介质的断路器。SF_6 断路器的性能主要由断路器灭弧室结构决定。目前，SF_6 断路器多为单压式断路器，其结构简单，充气压强也较低，并且具有优越的开断性能，获得了广泛应用。

SF_6断路器一般用于室外，按结构可以分为两大类：磁柱式 SF_6 断路器和罐式 SF_6 断路器。

（a）磁柱式　　　　　　　　（b）罐式

图 1-30　SF_6 断路器

2. 封闭气体绝缘组合电器（GIS）

六氟化硫组合电器又称为气体绝缘全封闭组合电器，简称 GIS。它将断路器、隔离开关、母线、接地开关、互感器、出线套管或电缆终端头等分别装在各自密封空间中，以金属筒为外壳，集中组成一个整体，内部充以一定压力的 SF_6 气体作为绝缘介质。

图 1-31　户内 GIS 设备

GIS 的主要特点：

（1）可靠性高。由于带电部分全部封闭在 SF_6 气体中，不会受到外界环境的影响。

（2）安全性高。由于 SF_6 气体具有很高的绝缘强度，并为惰性气体，不会产生火灾；带电部分全部封闭在接地的金属壳体内，实现了屏蔽作用，也不存在触电的危险。

（3）占地面积小。由于采用具有很高的绝缘强度 SF_6 气体作为绝缘和灭弧介质，使得各电气设备之间、设备对地之间的最小安全净距减小，从而大大缩小了占地面积。

（4）安装方便。组合电器可在制造厂家装配和试验合格后，再以间隔的形式运到现场进行安装，工期大大缩短。

（5）维护方便，检修周期长。因其结构布局合理，灭弧系统先进，大大提高了产品的使用寿命，其寿命长达 30 年，因此检修周期长，维修工作量小。而且由于小型化，离地面低，因此日常维护方便。

（6）密封性能要求高：装置内 SF_6 气体压力的大小和水分的多少会直接影响整个装置运行的性能和人员的安全性，因此，GIS 对加工的精度有严格的要求。

（7）价格较昂贵：GIS 将除变压器以外的所有电气设备安装于铝合金材料的壳体内，金属消耗量大，造价高。

（8）故障后危害较大：首先，故障发生后造成的损坏程度较大，有可能使整个系统遭受破坏。其次，检修时有毒气体（SF_6 气体与水发生化学反应后产生）会对检修人员造成伤害。

GIS 适用范围：

（1）占地面积较小的地区，如市区变电站；

（2）高海拔地区或高烈度地震区；

（3）外界环境较恶劣的地区。我国西北电网建设的 750 kV 工程，采用的 GIS 组合电器已在变电站投入运行。

3. 气体绝缘电缆（GIC）

气体绝缘电缆又称为气体绝缘管道输电线（GIC），其结构与常规充油电缆差别很大，类似于 GIS 中的母线，它与充油电缆相比有以下特点：

（1）电容量小：其电容量约为充油电缆的 1/4，所以充电电流更小，临界传输距离更长。

（2）损耗小：常规充油电缆因介质损耗较大，而难以用于特高压，而 GIC 绝缘为气体介质，介质损耗可以忽略不计，已研制出特高压等级的产品。

（3）传输容量大：常规充油电缆由于制造工艺方面问题，其电缆芯截面积一般不超过 2 000 mm²，而 GIC 无此限制，所以传输容量更大。

（4）能用于大落差场合：充油电缆由于油较重，不能用于大落差地区，而 GIC 采用气体绝缘，无此顾虑。

（5）成本较高；

4. 气体绝缘变压器（GIT）

气体绝缘变压器是用 SF_6 气体进行绝缘和冷却的，其导线采用具有高机械强度和绝缘能力的高密闭性塑料薄膜作为绝缘包布，高低压绕组间、绕组对地之间的主绝缘电气强度主要取决于 SF_6 电气强度。

相比传统油浸式变压器，GIT 有以下特点：

（1）GIT 是防火防爆型变压器，特别适用于城市高层建筑和地下矿井等有防火防爆要求的场合。

（2）气体传递震动的能力小，所以噪声更小。

（3）气体介质很难老化，维护工作量小。

除了以上 SF_6 气体绝缘电气设备外，SF_6 气体还日益广泛地应用到一些其他设备中，如气体绝缘开关柜、环网供电单元、中性点接地电阻器、移相电容器等。

课后思考

1. SF_6 气体分解产物中哪些对人体有害？

2. SF_6 气体为什么有很高的电气强度？

任务 5　沿面放电

能区分沿面放电与沿面闪络；能阐述不同类型沿面闪络的过程；能区分干闪、湿闪、污闪的概念；牢记提高沿面闪络电压的方法。

培养学生对科学的探索精神、微观探析的能力。

在本任务的最后部分将介绍一种特殊的气体放电现象：沿面放电，它是一种沿着固体电介质表面发展的气体放电现象。

一切导体都不能悬浮于空气中，而必须使用各种固体绝缘材料将它们悬挂或者支撑起来，例如支撑绝缘子、支撑母线，或变压器套管支撑变压器出线等。这些固体绝缘材料主要起支撑作用和绝缘作用，它们均处于空气的包围中，往往是一个电极接高压，另一个电极接地，当两极之间的固体绝缘表面绝缘功能丧失或者减弱时，就容易发生沿面放电，当沿面放电发展到对面电极导致击穿时，就称为沿面闪络（见图 1-32）。固体绝缘的闪络电压通常要比与闪络路径等长的空气间隙的击穿电压更低，也比固体绝缘本身发生击穿的击穿电压要低得多。

图 1-32　沿面闪络

　　由此可见，固体绝缘材料的实际耐电强度并非取决于其固体部分的绝缘性能，也并非取决于周围气体的绝缘性能，而是取决于其沿面闪络电压。沿面闪络电压在确定输电线路和变电站外绝缘水平时起着重要作用。

　　在沿面放电分析中，有几个重要概念需要注意：

　　（1）干闪：表面洁净并且干燥的固体绝缘在空气中发生闪络；

　　（2）湿闪：表面洁净但严重受潮或湿润的固体绝缘在空气中发生闪络；

　　（3）污闪：表面污秽并且严重受潮或湿润的固体绝缘在空气中发生闪络。

（一）不同电场下绝缘子的干闪

　　沿面放电过程与固体电介质表面电场分布有很大关系，主要有以下三种情况：

　　（1）固体电介质处于均匀电场中，介质表面与电场线平行，如图 1-33 所示。

　　（2）固体电介质处于极不均匀电场中，介质中空，内部为带电体，外部绝缘一点接地，介质表面存在强垂直电场分量，套管便是如此，如图 1-34 所示。

　　（3）固体电介质处于极不均匀电场中，介质上端带电，下端接地（或者反过来），介质表面存在强平行电场分量，悬式绝缘子和支撑绝缘子便是如此，如图 1-35 所示。

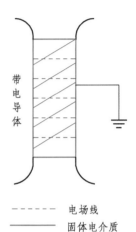

- - - - - 电场线
——— 固体电介质

图 1-33　均匀电场中的固体电介质表面电场

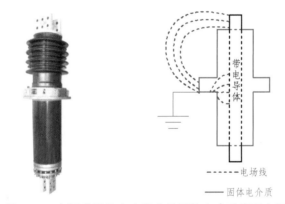

- - - 电场线
—— 固体电介质

图 1-34　套管类强垂直电场分量固体电介质表面电场

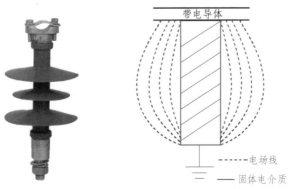

- - - 电场线
—— 固体电介质

图 1-35　悬式绝缘子类弱垂直电场分量固体电介质表面电场

下面就这三种情况分别讨论其沿面放电特性。

1. 均匀电场

在平行极板间插入与电极等长、与间隙等宽的固体电介质，并使得电场线与介质表面平行，就构成了图 1-35 所示电场。从宏观上来看，固体电介质代替了原本的气体电介质，并没有影响电场分布，两极间电场强度保持不变。但是试验结果表明，放电总是沿着固体电介质表面，而且击穿电压相比纯空气间隙更低，造成这一结果主要有以下几个原因：

（1）固体电介质与电极之间结合不紧密，存在微小气隙。由于固体电介质的介电常数（电容率）比气体电介质高得多，而在交流作用下，串联电容分压与电容成反比，所以微小气隙所承受的电场强度要远大于固体电介质，这会使得气隙产生局部放电。放电产生的带电质点达到固体电介质表面时，引起原来的均匀电场发生畸变，降低了闪络电压。

（2）固体电介质表面吸附空气中的水分形成水膜，水中离子受电场力驱动沿着介质表面移动，最终使得表面电场不均匀，降低了闪络电压。

（3）固体电介质表面粗糙不平，使电场强度分布不均，降低了闪络电压。

其闪络电压降低的程度与诸如气体的湿度、温度、气压、固体电介质的憎水能力等因素均有关系。

2. 套管类绝缘子极不均匀电场

套管类固体电介质表面具有强垂直电场分量，沿面放电具有一些新特点，闪络电压也比较低。

以套管为例，如图 1-36 所示，当电压还不够高时，法兰处先发生电晕放电；继续升高电压，电晕会向上延伸，逐步形成由很多平行火花细线组成的光带，长度随着电压升高而变长，称为刷形放电，但是此时放电通道中的电流密度还不够大，属于辉光放电范畴（温度较低）；当继续升高电压，超过某一临界值后，放电性质发生变化，某一些细线突然迅速伸长，转变为较为明亮的分叉树枝形火花放电通道，这种放电紧贴介质表面，很不稳定，不会固定在某一位置持续放电，产生后迅速消失，又会在其他地方重新出现，这种放电现象称为滑闪放电。产生滑闪放电后，电流密度已经较大，温度较高，所以此放电通道为热游离通道，在这个阶段后，电压的微小增高都会使滑闪放电急剧伸长，并且达到另一极，贯穿整个电介质表面，完成击穿，这称为沿面闪络。

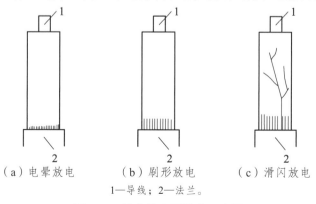

（a）电晕放电　　　（b）刷形放电　　　（c）滑闪放电

1—导线；2—法兰。

图 1-36　沿套管表面放电示意图

3. 支撑绝缘子类极不均匀电场

以支撑绝缘子为例，此时绝缘子一端带电，一端接地，电场在瓷套表面垂直分量较弱，此类型绝缘子本身长度较长，固体绝缘本身很难被击穿，只可能出现沿面闪络。

此时的固体电介质处于极不均匀电场中，其平均闪络电压要比纯空气间隙击穿电压低很多，如图 1-37 所示。但另一方面固体绝缘表面垂直分量较弱，不会出现由热游离主导的滑闪放电，这种绝缘子的干闪电压基本随着距离增大而增大（也有饱和现象），其平均击穿场强要大于套管类绝缘子。

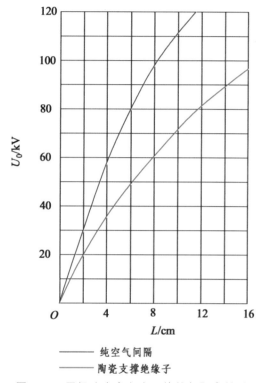

纯空气间隔

陶瓷支撑绝缘子

图 1-37　干闪（击穿）电压峰值与距离关系

（二）绝缘子的湿闪和污闪

前面分析了不同类型的固体绝缘在表面干燥时闪络过程，而无论是输电线路还是变电设备，大部分绝缘子都在户外使用，其绝缘表面在运行中可能会受到雨、露、雾、霾、雪、工业粉尘以及各种大气中的污秽物质等的附着，结果便是沿面闪络电压会显著降低。

1. 湿闪

洁净的绝缘子在表面被水淋湿或者严重受潮的情况下发生闪络称为湿闪，其闪络电压称为湿闪电压。

湿闪电压往往比干闪电压低很多，所以为了避免整个绝缘子都被淋湿，一般都要为绝缘子设计伞裙。对于有伞裙的绝缘子，即使出现被雨淋湿的情况，表面水膜也是处于不连续的状态。绝缘子表面有水膜的地方电导更大，泄漏电流也更大，而泄漏电流的大小对闪络电压有直接影响，所以绝缘子伞裙的形状、雨水的特性都会影响湿闪电压。

通常来说同一个绝缘子的湿闪电压为干闪电压的 40%~50%，如果出现倾盆暴雨，湿闪电压会进一步降低。

2. 污　闪

户外的绝缘子表面除了可能被雨水淋湿外，还会受到工业粉尘、废气、自然盐碱、灰尘、鸟粪等的附着形成表面污秽的绝缘子，表面污秽的绝缘子在淋雨或严重受潮后这些污秽物会溶解产生电解质，最终发生闪络，称为污闪。闪络电压称为污闪电压。

与淋雨状态类似，湿润的污秽物附着绝缘子表面时，泄漏电流的大小对污闪过程起着主导作用。与泄漏电流有关的污层电导、大气湿度、绝缘子形状，以及极间距离等是影响污闪电压的主要因素。反映绝缘子污秽严重程度的参数有污层等值附盐密度（盐密）、污层电导率等。等值附盐密度是指与每平方厘米绝缘表面上附着污秽导电性相等值的氯化钠毫克数，它反映了污秽沉积层中可溶性物质的导电能力及数量。污闪主要有以下一些特点：

（1）污闪电压通常会随着表面污染程度增加而降低：污染程度越高，受潮或淋湿后电解质含量越多，泄漏电流越大。

（2）干燥的污秽物对闪络电压几乎没有影响：污秽物未溶于水，不产生高导电率的电解质，所以几乎没影响。

（3）下毛毛雨时绝缘子的闪络电压比大雨下的更低：下大雨时，绝缘子表面污秽物会被冲刷掉，反而减少了电解质的总量，而下毛毛雨时，绝缘子表面仅仅会被淋湿，污秽物不会被冲刷掉落，所以电解质含量更高，闪络更容易。

图 1-38　绝缘子上的污秽物

（4）绝缘子爬电距离（沿着绝缘子表面闪络的路径长度）增大，污闪电压也增大：绝缘子长度越长，爬电距离自然也越长，电弧长度也更长，则维持电弧所需的电压也更高，所以增加绝缘子长度也是增大污闪电压的途径。

（5）伞裙的直径并不是越大越好：户外绝缘子不能没有伞裙，但是如果伞裙过大，会导致其积污更严重，更不容易被雨水冲刷掉，反而降低了闪络电压。

绝缘子的干闪和湿闪通常在电网中出现过电压时发生，而污闪在工作电压下就可能发生，因此由污闪引起的事故较多。

（三）提高沿面闪络电压的方法

提高外绝缘的沿面闪络电压主要可从两方面入手：一是通过电场调整，改善绝缘表面的电位分布；二是通过改进绝缘子的形状、材料等，从而减小绝缘表面的泄漏电流。具体方法如下：

1. 屏障和屏蔽

固体电介质表面设置一些突出的伞裙，叫作屏障，它能使绝缘子在雨天时保持一部分表面的干燥，并且增大爬电距离，提高闪络电压。户外绝缘子通常都设置有伞裙。

通过改进电极的形状，能够使金具与绝缘连接处以及绝缘子表面电位分布均匀化，从而提高沿面闪络电压的方法称为屏蔽。

线路绝缘子串上的电压通常为"U"形分布，即绝缘子两端承受电压大，容易出现电晕，而中部电位差小，绝缘利用率低，所以闪络往往是从绝缘子两端开始向中部发展，直至贯穿整个绝缘子。因此，降低靠近导线侧绝缘子所承受的电压和改善整体电压分布是一种防止闪络、防止电晕的有效措施。

如图 1-39 所示，这种安装于导线与绝缘子连接处的环形金属电极，叫作屏蔽，俗称均压环，而在《建筑物防雷设计规范》（GB 50057—2010）中也把"均压环"更名为"等电位连接环"。

图 1-39　等电位连接环

等电位连接环的主要目的是限制电晕，只是在同时也增加了绝缘子的闪络电压，除了在输电线路、电气设备（特别是超特高压）上广泛应用，在高压试验装置中，也应用此方法来减少电晕、防止设备出现沿面放电。

2. 强制固定绝缘表面的电位

这种方法通常是在绝缘筒上围以若干环形电极，这些环形电极分别接至分压器或电源的某些抽头上，使绝缘筒上的电位分布被强制性地均匀化。这种方法常用于某些高压试验设备上。

3. 加强绝缘（增大爬距）

由于闪络是固体绝缘表面局部电弧延伸的结果，在一定电压下，能够维持的局部电弧长度是有限的，所以增加电弧击穿所需要经过的路径长度（简称爬电距离或爬距），是可以在一定程度上增加绝缘子的击穿电压，特别是污闪电压。

对于输电线路上的耐张绝缘子而言，增加爬距不难实现，只需要增加绝缘子片数就可以达到目的；对于悬垂串来说，由于风偏因素（刮大风时绝缘子会左右晃动），其总长度是受限的，否则容易出现相对相、相对地空气绝缘间距不足，不能单纯增加绝缘子来增大爬距，而应当使用每片爬距较大的耐污型绝缘子，或者是改用 V 形串来固定导线（见图 1-40），既可以减少风偏，也可以增长爬距。

图 1-40　输电线路 V 形绝缘子串

4. 定期清扫

绝缘子的污闪是造成绝缘子闪络的主要原因,因此定期清除绝缘子片上的污秽物,也是对付污闪的重要措施之一。以前最常见的是使用人工擦拭的方式,但是清扫质量不理想,而且需要劳动力多,必须停电进行,因此现在很少专门采用此方式来清扫绝缘子,通常是停电检修设备或线路时顺便进行人工清扫。

目前有一些电网设备采用自动喷水枪对绝缘子进行冲刷(见图 1-41),可以带电进行,相比人工擦拭具有明显的优越性,但是要求水的导电率不能过大,不能直接利用地下水或江河水冲洗,因此在输电线路上实现很困难,只有变电站可以使用此方法。此外,有一些耐污型绝缘子表面涂料经过特殊设计,也有比较好的"自清洁功能"。

图 1-41　绝缘子自动清洗

5. 应用半导体涂料

由于污闪事故的发生除了需要绝缘子片上有积污之外,还需要在不利的气象条件下使积污层受潮变成导电层。如果绝缘子表面涂一层憎水性材料,那么绝缘子表面的水分就不会形成连续的水膜,而以孤立的水珠出现,如图 1-42 所示。

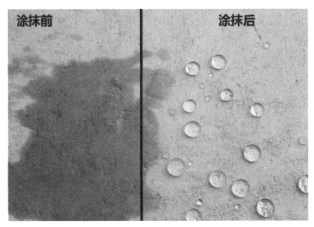

图 1-42　憎水性涂料

此时表面泄漏电流会比连续水膜存在的情况下小很多,不易形成逐步延伸的局部电弧,也很难造成污闪。

目前使用得较多的憎水性涂料为硅油或硅脂，效果较好，但是有效期比较短（仅半年左右），价格较贵。还有一种硫化硅橡胶涂料（Room Temperature Silicone Rubber, RTV），其有效期较长，即使喷涂近十年，也能保持一定的憎水性，可以大大降低绝缘子清扫周期，甚至在环境较为良好的地区不必再进行绝缘子清扫。

6. 采用合成绝缘子

合成绝缘子（见图 1-43）出现于 20 世纪 60 年代末期，随后发展很快。这种绝缘子在防污防水方面主要是由于它的伞盘和保护套采用硅橡胶，具有很高的电气强度，很强的憎水性和耐污性能，此外它在高温下稳定性也较好。相比传统瓷绝缘子，新型合成绝缘子有以下特点：

（1）重量轻（瓷绝缘子的 1/10 左右），可以节省运输、安装方面的工作量和费用。

（2）抗拉、抗弯、耐冲击负荷等机械性能都良好。

（3）电气绝缘性能好，特别是在严重污染和不良气候情况下，绝缘性能远比瓷绝缘优异。

（4）耐电弧性能好。

（5）价格昂贵。

（6）更容易出现老化问题。

图 1-43　合成绝缘子

这些重要优点使得这种新型绝缘子得到广泛应用，并且成为防污闪的重要措施，但是由于其存在的一些缺点，导致它还是不能完全代替瓷绝缘子。目前随着材料与工艺的发展，其成本价格也在不断降低，随着今后对其老化问题的进一步改善，合成绝缘子必将得到越来越多的应用。

课后思考

1. 固体电介质表面有强垂直分量时，有什么特殊的放电现象？

2. 绝缘子的主要作用是什么？次要作用是什么？

3. 提高沿面闪络电压的方法有哪些？

4. 为了加强绝缘子耐压性能，是否可以无限加长绝缘子长度？为什么？

5. 绝缘子表面的任何污秽物都会降低它的闪络电压吗？为什么？

任务 6 液体、固体绝缘介质及其击穿特性

知识目标

能说出内绝缘、外绝缘、自恢复绝缘、非自恢复绝缘的概念；能区分并解释液体的电击穿、气泡击穿原理；能区分并解释固体电击穿、热击穿、电化学击穿原理；能正确阐述老化的概念；能阐述液体、固体电介质击穿的影响因素；能说出提高液体、固体电介质击穿电压的方法。

素质目标

培养学生对科学的探索精神、微观探析的能力。

液体、固体电介质的电气强度比大气压下的空气高很多，利用它们作为绝缘介质，可以在保证电气设备绝缘强度的基础上大大减小设备的尺寸，因此液体、固体电介质广泛应用于电气设备的内绝缘（设备绝缘中与空气不接触的部分）。

液体电介质应用得最多的是变压器油，而成分相似品质更高的绝缘油也可用于电容器、电缆和断路器等设备。常用的固体绝缘电介质有陶瓷、云母、玻璃、硅橡胶以及绝缘纸等。

与外绝缘（设备绝缘中与空气接触的部分，包括空气本身）相比，内绝缘有许多特点：

（1）外绝缘大多属于自恢复绝缘，即发生击穿后去掉外加电压，其绝缘强度可自行恢复。而部分内绝缘，一旦发生击穿，其绝缘性能就会永久性降低，甚至对于含有固体电介质的内绝缘，发生击穿就意味着永久丧失绝缘性能，这称为非自恢复绝缘。由于这一特性，内绝缘的电气强度不是用测量其实际击穿电压来衡量，而是利用它们所能耐受的试验电压来衡量，试验电压是根据系统可能出现的过电压水平来选定的。

（2）内绝缘在电、热、机械应力等因素的作用下，会产生各种物理和化学变化，从而使得其绝缘能力随时间增长而逐渐变差。

（3）内绝缘的电气强度与作用时间之间的关系较为复杂，要保证内绝缘在规定寿命内能够承受系统可能出现的过电压，依赖于对内绝缘电气强度随运行时间变化的规律做出正确的估计，这在现实中往往是不太容易实现的。

由上可见，内绝缘的设计要比外绝缘复杂得多。本任务主要介绍液体、固体电介质击穿的特性及其老化过程。

一、液体电介质的击穿

液体电介质不仅具有较高的绝缘强度，而且它的流动性还使其具有散热和灭弧的作用，特别是它与固体电介质联合使用时，可以填充固体电介质的空隙，大大提高其电气强度。

液体电介质主要有两大类：一类是从石油中提炼而来的矿物油，如变压器油、电容器油、电缆油等都是属于矿物油；另一类是人工合成的液体电介质，如硅油、聚丁烯等。

本项目以变压器油为例，讨论液体电介质的击穿、影响因素以及提高击穿电压的方法。

（一）液体电介质击穿机理

液体电介质击穿主要有两种形式：其一为电击穿，其二为液体中所含杂质引起的气泡击穿。对于纯净的液体电介质，通常都为电击穿，而工程所用的液体电介质内部往往有杂质，其击穿过程与电压作用时间、电场形式、杂质类型等因素相关，可能发生电击穿，也可能发生气泡击穿。

1. 电击穿

当外加电场强度足够大时，阴极表面会发生强场发射，向液体间隙中发射大量自由电子。自由电子在电场中加速碰撞液体分子，使之发生碰撞游离，从而使得自由电子数量倍增，最终形成电子崩；与此同时阴极表面崩中的正离子在阴极表面附近形成空间电荷层，增强阴极表面电场，会使得阴极发射更多的自由电子。当外电场增加到一定程度时，电流会急剧增加，从而导致液体电介质的自持放电，即发生击穿。

此过程与短间隙均匀电场气体电介质的击穿过程类似，不过由于液体电介质的平均密度要比气体大很多，所以其分子间距非常小，故在其中运动的自由电子的自由行程要比气体中短很多，电子动能累积十分困难。因此，要使自由电子在非常短的加速过程中累积足够大的能量，以至于发生碰撞游离，就必须要有非常高的电场强度，所以液体电介质的电击穿场强比气体要高很多（约一个数量级）。

2. 气泡击穿（小桥理论）

工程中所使用的液体电介质中或多或少含有一定杂质，杂质主要有气体、水和纤维等，这些杂质可能是在提炼制造过程中留下的，也可能是在运输充装过程中混入的，或者是在运行过程中渗入的。如变压器油在与大气接触时，会逐渐氧化分解出气体、水分和其他聚合物，并且从空气中吸收水分，运行中变压器内部各种固体纤维物质脱落进入变压器油。

以油中含有水、纤维为例，在电压作用时间较长且电场较为均匀的情况下，含水纤维首先发生极化现象，在纤维沿电场方向两端出现异号的极化电荷，由于各纤维相互作用以及外电场的作用，这些纤维逐渐沿着电场线方向首尾相连排列起来，形成杂质"小桥"。如果纤维较多，则"小桥"会贯通两极，电流流过"小桥"，使得泄漏电流增大，温度升高，在油中形成大量气泡。而在交流电压作用下，串联介质按电容反比进行分压，所以小电容的气泡承受很大电压，电场强度也非常大，因此气泡中率先发生游离甚至局部放电，这又使得气泡温度进一步升高，体积膨胀，并使得油分子分解出更多气体。当气泡形成贯穿两极的"小桥"时，击穿就很容易沿着该"小桥"发生。

如果油中本身含有大量气泡，即使没有纤维的存在，气泡在电场作用下可以直接形成"小桥"，导致气泡击穿。

（二）影响液体电介质击穿电压的因素

1. 杂　质

杂质对液体电介质的击穿电压影响程度与电场形式、外加电压作用时间、温度等均有关系，电场越均匀，外电压作用时间越长，杂质的影响就越大。

在变压器油中的杂质可以分为水、纤维和气体这三类，它们对变压器油击穿电压的影响各不相同。

1）水

水分对变压器油击穿电压的影响取决于其在油中的存在状态，水可以以三种状态存在于油中，分别是溶解态、悬浮态、沉淀态。

当水分非常少，在油中以独立水分子的形式存在，没有形成水珠，这种形式称为溶解态，对油的工频击穿电压基本上没有影响；水分变多，而其在油中溶解度有限，便会出现悬浮在油中的小水珠（直径一般为 $2 \sim 10\ \mu m$），它们在电场的作用下容易搭成"小桥"，因此对油的工频击穿电压影响很大；当水分继续增多，水珠聚集在一起，便会沉淀至变压器油底部，由于其不在电场空间内，所以对击穿电压影响很小，可以忽略。变压器油含水量超过 0.02% 后（常温），多余的水分均沉淀至底部，击穿场强便不再下降，如图 1-44 所示。

2）纤维

在变压器注油、安装、检修时，工作人员衣物上的纤维、头发、皮屑等均有可能进入变压器内部，导致变压器油内含有纤维。油内的纤维含量越多，就越容易搭成纤维"小桥"，工频击穿电压就越低。但是当纤维量达到足以形成"小桥"时，击穿电压便不再随着纤维含量的增加而降低。

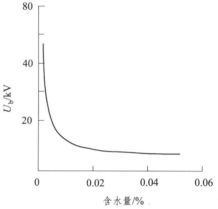

图 1-44　变压器油工频击穿电压与含水量关系

纤维往往有较强的吸水能力，所以在纤维存在时，比水分单独存在时更容易出现"小桥"，也更容易击穿。因此，水分和纤维共同作用时，变压器油的工频击穿电压会大大降低。

3）气体

变压器油中还常含有气体，这些气体来源于大气或者绝缘电介质的分解。一般来说，气体都是以溶解态存在的，它们对击穿电压影响不大，但是超过油中溶解度时，气体就会以气泡的形式在油中出现，会使得油的工频击穿电压大大下降。此外，油中溶解的氧气会加速油的氧化，使其绝缘强度变差。

2. 温　度

讨论温度对变压器油的影响要分为两类：一类是受潮的变压器油，一类是干燥的变压器油。

对于干燥的变压器油而言，温度上升，对其工频击穿电压影响非常小。

对于受潮的变压器油而言，当温度非常低，为 $-40\ ℃ \sim 0\ ℃$ 时，油中水处于结冰状态，并且油的黏度非常大，"小桥"形成困难，工频击穿电压很高，随着温度上升，油黏度下降，工频击穿电压逐渐下降；温度升高至 0 ℃ 左右时，水处于悬浮状态，"小桥"最易形成，工频击穿电压出现极小值；温度继续升高，水在油中溶解度升高，悬浮态的水转化为溶解态的水，工频击穿电压开始升高，当温度达到 $60 \sim 80\ ℃$ 时，工频击穿电压达到极大值；再升高温度，水开始汽化，产生气泡，气泡在电场作用下容易形成"小桥"，工频击穿电压进一步降低，如图 1-45 所示。

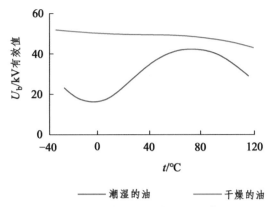

图 1-45　变压器油工频击穿电压与油温关系

综上分析可知：温度主要影响水分在油中的状态，因此温度对油击穿电压的影响与油中所含的杂质、电场的均匀程度和电压作用时间等都有关系。当气体、水分溶解于液体介质时，对耐压影响不大；当水分呈悬浮状态时，则易形成"小桥"而使击穿电压明显下降；当沉淀于容器底部时，则对击穿没有影响。

3. 电场均匀程度

电场越均匀，水分等杂质越易形成"小桥"，对击穿电压的影响就越大。对于纯净度较高的油，电场越均匀，击穿越困难，因此，提高电场均匀程度可以显著提高工频击穿电压。对于纯度较低的油（杂质多），虽然电场越均匀击穿越困难，但是由于杂质更容易在均匀电场中搭成"小桥"，所以对于低纯度油而言，改善电场均匀程度不会显著提高油的工频击穿电压。

当作用在变压器油上的电压为冲击电压时，结果会大不一样。

冲击电压时间非常短，在其作用下，油中的"小桥"来不及形成，因此变压器油仅可能发生电击穿。因此，杂质对冲击击穿电压影响很小；也由此可知，无论是否有杂质，提高电场均匀程度可以明显提高油隙的冲击击穿电压。

4. 油　压

对于不含气体的油，压力对其工频击穿电压没有影响，对于含有气体的油，无论电场是否均匀，提高压力总能提高气体的溶解度，减少气泡，静态击穿电压随之增高，并且电场越均匀，这种关系就越显著。冲击电压作用下，油压对冲击击穿电压也没有明显的影响。

5. 电压作用时间

无论电场是否均匀，变压器油的击穿电压都随电压作用时间的增大而减小。

（三）提高液体电介质击穿电压的方法

1. 减少杂质

（1）过滤：使用滤油机（见图 1-46）过滤变压器油，能够有效去除油中的纤维、炭粒等固体杂质，并且大部分水和有机酸类也能被滤纸所吸附。

图 1-46　滤油机

（2）祛气：将油加热，在真空中喷成雾状，油中所含水分和气体分子会挥发成为气体脱离变压器油，然后在真空中将油注入电气设备中，这样不会使油重新混入气体。

（3）防潮：在变压器油过滤、祛气后，大部分固体杂质、水和气体分子都被去除，因此在变压器的运行过程中，需要严防各种杂质的侵入，尤其是水。例如在注油前应当采取抽真空或烘干的方式去除箱体内水分；检修时尽可能减少内绝缘在空气中的暴露时间；运行中内绝缘要与大气完全隔绝，并且在油箱与大气的通道进口处安装带有硅胶除潮的呼吸器（见图 1-47）等。

图 1-47　呼吸器

2. 利用固体电介质降低杂质的影响

（1）覆盖：在曲率较大的电极上覆盖一层很薄的固体电介质材料，如电缆纸，它不会改变电场分布，但是能够起到切断"小桥"、限制泄漏电流的作用，从而显著提高油隙的工频击穿电压。该方法主要应用于电场比较均匀的场合。

（2）绝缘层：在曲率很大的电极上包裹较厚的固体绝缘材料，能改善油中电场分布，降低其不均匀程度，从而提高击穿电压。该方法的原理是改善电场分布，所以一般应用于极不均匀电场中。

（3）屏障：在油隙中垂直于电场线放置厚度 1～3 mm 的绝缘屏障，一方面能够在电场均匀时切断"小桥"，另一方面在电场极不均匀时利用电晕中的正离子改善电场分布（与气体中一样），提高工频击穿电压。

二、固体介质的击穿

在电气设备中的绝缘往往离不开固体电介质，与气体、液体相比，固体电介质具有更高的电气强度，但是固体电介质在击穿后，会在击穿路径留下放电痕迹，从而永久丧失绝缘功能，故为非自恢复绝缘。

实际电气设备的固体电介质击穿机理是错综复杂的，不仅取决于电介质本身的特性，还与绝缘结构、电场形式、电压波形、加压时间、工作环境等因素有关，所以实际中的固体电介质击穿需要使用多重理论来解释。

（一）固体电介质击穿机理

固体电介质的击穿可以分为电击穿、热击穿和电化学击穿三种形式，每种形式的具体击穿过程有不同的物理本质。

1. 电击穿

固体电介质电击穿过程与气体击穿类似，是以碰撞游离为基础，形成电子崩，破坏固体晶体结构，使电导大增导致击穿。

电击穿是在强电场引起的，其特点是：击穿场强很高，击穿时间很短，与电压作用时间关系不大，介质发热不显著，击穿电压与电场均匀程度关系紧密，与环境无关。

固体电介质发生电击穿所需要的电场强度极高，一般在均匀电场中，纯净的固体绝缘击穿场强能够达到 $10^3 \sim 10^4$ kV/cm，而均匀电场中的空气击穿场强仅有 30 kV/cm。

2. 热击穿

与气体电介质相比，液体和固体电介质的介质损耗往往更大，因此它们在电压的作用下，发热也更严重，而液体可以依赖于它的流动性来散热，固体就仅能依靠其表面向周围介质的热辐射和热传导来散热。因此，在三种类型的电介质中，固体电介质的发热问题是影响最大的，也是我们最需要关注的。

当外加电压高于某一临界值，使得电介质向外散发的热量远低于自身的发热量，导致其温度不断升高，直至造成电介质局部因高温而发生熔化、烧焦或碳化、分解等，使其永远丧失绝缘功能，这种状态下发生击穿，称为热击穿。

热击穿的主要特点是：击穿场强相对较低，击穿时间较长，电介质发热显著，温度较高，击穿电压与电压作用时间、周围环境温度、散热条件等密切相关。击穿电压与介质温度有很大关系，通常热击穿有一个热量积累的过程，与环境温度、周围媒质的散热能力和散热条件有关。

3. 电化学击穿

固体电介质在电、热（温度不至于发生热击穿）、化学和机械力的长期作用下，会逐渐发生一些物理化学过程，使得其绝缘逐渐出现劣化现象，这种现象称为绝缘老化。老化后的电介质绝缘能力会逐渐降低，最终导致击穿，称为电化学击穿。

电化学击穿是在电介质绝缘能力大幅度下降后发生的击穿，所以其击穿电压往往远低于前述的两种情况，而又因为电化学击穿是在电、热、化学和机械力的长期作用下逐步发展形成的，所以其击穿时间非常长。

（二）影响固体电介质击穿电压的因素

1. 电压作用时间

一般来说，电压作用时间非常短（0.1 s 以内）所发生的击穿都为电击穿；电压作用时间较长（数分钟至数小时）所发生的击穿为热击穿；电压作用时间更长时发生的击穿为电化学击穿。不过到底为何种击穿并没有明显的界限，实际中的固体电介质击穿往往是多种因素共同作用下的结果。

以油浸纸板为例，其电压作用时间与击穿电压的关系如图 1-48 所示。

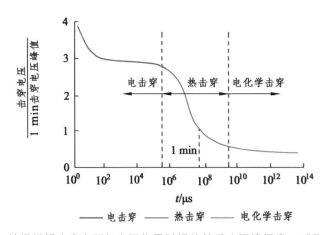

图 1-48　油浸纸板击穿电压与电压作用时间的关系（环境温度 25 ℃ 条件下）

图中蓝色线表示电击穿过程，此过程类似于气体间隙击穿的伏秒特性，其击穿电压最低值约为 1 min 工频击穿电压（图中第二根虚线处）的 3 倍；继续增加电压作用时间，击穿电压又会进一步下降，到达红色曲线部分，即为热击穿；如果电压作用时间更长，击穿电压还会随时间继续缓慢下降，到达紫色曲线部分，即为电化学击穿，电化学击穿电压仅为 1 min 工频击穿电压的几分之一。

2. 温　度

当固体电介质的温度处于某一个临界值 t_0 以下时，击穿电压与温度几乎无关，一旦超过此临界值，击穿电压会大幅度下降，形成热击穿。t_0 的大小与固体电介质的性质、尺寸、散热等条件均有关系。

3. 电介质厚度

在均匀电场中，电击穿范围内，击穿电压随介质厚度（即极间距离）的增加成正比增加；在热击穿范围内，电介质厚度增加会导致散热困难，所以击穿电压增大的幅度会大幅减小，最终出现饱和现象。

在不均匀电场中，随着介质厚度的增加，电场会更不均匀，即使是在电击穿范围内，击穿电压随厚度的增长也是非线性的，最终会趋于饱和；而在热击穿范围内，增加介质厚度不仅使电场更不均匀，还使得散热变差，因此对增加击穿电压的作用就更小了。

4. 电压种类

同一固体电介质在同样的电场均匀程度下，在直流、工频交流、冲击电压的作用下，击穿电压也是不同的。

电介质在直流电压作用下的介质损耗是很小的，局部放电也很弱，因此直流电压作用下击穿电压通常比工频交流作用下更高；冲击电压作用时间很短，很难发生热击穿，更不可能发生电化学击穿，而是出现在电击穿范围内，因此冲击击穿电压都很高，根据前面分析，一般为 1 min 工频击穿电压的三倍以上。

5. 受 潮

固体电介质受潮后，电导率和介质损耗会大大增加，发热也就更严重，击穿电压也会大幅度降低。

对于不易吸潮的憎水性固体电介质，如聚乙烯、聚四氟乙烯等，受潮后击穿电压会下降一半左右；对于容易吸潮的固体电介质，如棉纱、绝缘纸等，吸潮后击穿电压可能仅为干燥时的百分之几甚至更低，基本上丧失绝缘性能。所以高压电气设备的绝缘结构在制造时要注意去除水分，运行中也要注意防潮，定期检查其受潮程度。

6. 累积效应

在极不均匀电场中，当作用在固体电介质上的电压为幅值不高，作用时间很短的冲击电压时，例如雷击、操作冲击等，由于时间过短，未将电介质完全击穿，但是在介质内部产生了强烈的局部放电，介质内便会出现局部损伤，这些局部损伤每一次承受冲击电压便会向前延伸一步，随着加压次数增加，电介质的击穿电压也会随之下降。

7. 机械负荷

对于均匀和致密的固体电介质，在弹性限度内，机械应力对击穿电压无影响；对层间具有孔隙的多层不均匀电介质，机械应力可能使电介质中的空隙减小或缩小，从而提高击穿电压；机械应力也可以使得本来完好的电介质产生裂缝和孔隙，并且进一步扩大孔隙，这样使得内部电场分布不均，产生局部放电，进而降低固体电介质的击穿电压。

（三）提高固体电介质击穿电压的方法

1. 改进制造工艺

通过精选材料、真空干燥、加强浸渍（浸油、浸胶、浸漆等），均可以除去电介质中的杂质、气泡、水分等，使得介质尽可能均匀致密，内部电场尽可能均匀。

2. 改进绝缘设计

采用合理的绝缘结构，使得各部分绝缘的耐电强度与其所承担的场强有适当的配合（特别是在交流下，串联介质分压与电容成反比），以防止出现绝缘的绝对薄弱环节；改进电极的形状，消除电极表面的棱角、毛刺，使得内部电场尽可能均匀；改善电极与固体电介质的接触情况，防止之间出现气隙发生局部放电，如果不能完全消除电介质与电极间气隙，也可采用短路的方法消除其影响。

3. 改进运行条件

电气设备在运行过程中要注意防潮、防尘、防污等，加强其散热，定期检测其绝缘性能、受潮情况等。

三、电介质的老化

电气设备内绝缘在运行过程中会发生电介质老化现象，即运行过程中由于受到各种外界因素的综合作用，物理化学结构和组成逐渐发生变化导致绝缘性能变差的过程。

引起电介质老化的原因有很多，主要有电、热、机械、水、氧气、局部放电等，这些影响因素除了自身能对绝缘电介质产生老化作用，还会相互影响，相互促进，加速老化的进程。下面介绍几种常见的老化原因。

1. 电老化

电介质在电场长期作用下，其耐电强度逐渐降低的现象称为电老化，其原因主要是由于电介质内部发生的局部放电所引起的。

局部放电是指发生在电介质中的某些局部区域内的非贯穿性放电现象。高压电气设备在制造运行过程中，其固、液体绝缘内部难免会出现气泡或气隙等局部绝缘缺陷，气隙中电场远大于固、液体介质，并且气体的电气强度不如固、液体，因此在气隙内部容易发生局部放电现象。这种局部放电不会立即形成贯穿性导电通道，并且会长期存在，起初对系统影响不大，随时间推移，绝缘电介质会发生老化，绝缘强度会随之降低。

局部放电会引起绝缘老化的原因大致有以下几方面：

（1）放电产生的带电质点撞击气隙壁，使绝缘介质分子结构被破坏。

（2）带电质点反复撞击产生高温，造成绝缘电介质裂解，还可能由于高温带来气体膨胀使绝缘开裂。

（3）局部放电过程会产生 NO、O_3、NO_2 等气体，受潮的绝缘还会产生硝酸等更具腐蚀性的物质，腐蚀绝缘。

（4）局部放电会产生高能射线，引起绝缘裂解导致绝缘发脆。

2. 热老化

介质在热的长期作用下发生化学反应，其电气性能和其他性能逐渐变差，称为热老化现象。

固体电介质在热的作用下会发生裂解和交联反应，结果是导致电介质电导和介质损耗增大，耐电性能降低，同时裂解使介质变软、发黏、机械强度降低，交联使介质变硬、变脆、失去弹性，甚至出现裂缝等现象。

液体电介质在热的作用下会发生氧化反应，形成各种形态的反应生成物，使电介质中杂质增多，酸值增加，黏度增加，最终使得电介质电气性能、散热能力降低。

无论固体还是液体电介质，温度对其老化过程影响都很大，温度升高时，老化速度会大大增加，温度太高还会发生烧焦、开裂、融化等现象。电介质通常按照其耐热性能确定最高允许工作温度，并分为七个耐热等级，见表 1-1。当电介质的使用温度超过表 1-1 规定，老化会加速，寿命大大缩短。

表 1-1　电介质的耐热等级

耐热等级	最高允许工作温度/°C	电介质
Y	90	未浸渍过的木材、纸、纸板、棉纤维、天然丝等及其组合物、聚乙烯、聚氯乙烯、天然橡胶
A	105	油性树脂漆及其漆包线、矿物油及浸入其中的纤维材料
E	120	酚醛树脂塑料、胶纸板、胶布板、聚酯薄膜及聚酯纤维、聚乙烯醇缩甲醛漆
B	130	沥青油漆制成的云母带、玻璃漆布、玻璃胶布板、聚酯漆、环氧树脂
F	155	聚酯亚胺漆及其漆包线、改性硅有机漆及其云母制品、玻璃漆布
H	180	聚酰胺酰亚胺漆及其漆包线、硅有机漆及其制品、硅橡胶及其玻璃布
C	>180	聚酰亚胺漆及薄膜、云母、陶瓷、玻璃及其纤维、聚四氟乙烯

3. 机械老化

作为内绝缘的固体电介质在运行中往往要承受较大的重力和电动力作用，在这些力的作用下，电介质内部会形成裂缝并逐渐扩大，导致绝缘性能降低，称为机械老化。

在机械力作用下，产生裂缝，甚至会进一步发生局部放电，因此在电场和机械力作用下，固体电介质会加速老化。

4. 环境老化

绝缘电介质会从周围环境中吸收水分、氧气等，以及周围环境的各种射线，都会对绝缘电介质产生各种作用，使绝缘性能降低，称为环境老化。

绝缘受潮后电介质电导和介质损耗均会增加，促使其进一步发热，加速老化，严重时会导致热击穿；水分的存在使化学反应更加活跃，反应中产生的气体形成气泡，引起局部放电甚至气泡击穿；局部放电会产生硝酸等腐蚀性物质，腐蚀绝缘以及金属，使得绝缘发脆；固体电介质不均匀受潮的情况下，还会发生电场畸变，造成局部绝缘性能降低。

值得注意的是，受潮对绝缘来说是非常危险的，它会加速电老化及热老化过程，从而缩短绝缘的使用寿命，严重的甚至还会直接导致热击穿。

课后思考

1. 什么是自恢复绝缘？什么是非自恢复绝缘？

2. 哪些绝缘属于外绝缘？哪些绝缘材料属于内绝缘？

3. 与气体电介质相比，纯净的液体电介质是否容易发生击穿？为什么？

4. 在冲击电压作用下，液体电介质一般发生哪种击穿？

5. 固体电介质的击穿形式有哪些？特点是什么？

6. 什么是累积效应？

7. 变压器油中的水分有哪几种存在方式？它们对击穿电压的影响有什么区别？

8. 提高液体电介质击穿电压的方法有哪些？

项目 2 过电压及保护措施

过电压是指电力系统中出现超过工作电压的异常电压升高，属于电力系统中的一种电磁扰动现象，按照其原因可以分为外部过电压和内部过电压。

外部过电压是由系统外的原因引起系统过电压，即是雷击引起的过电压，也叫作雷电过电压（大气过电压）。雷电（见图 2-1）是大自然中最宏伟、最壮观的气体放电现象，它从远古以来就一直引起人类的关注，因为它危及人类以及动物的生命安全，引发森林火灾，毁坏建筑物。但是关于雷电的知识研究确是在近几十年才开始的，随着科技的发展，雷电以及它的防护问题日趋完善，各种新技术、新方法应用于雷电的研究，取得了很大成果。

图 2-1 雷电

雷电放电是由雷云引起的放电现象。雷电放电可能在雷云之间、雷云与地面之间及同一雷云内部发生。雷电放电是一种超长间隙的火花放电，每次放电一般都由先导放电、主放电和余（辉）光放电三个主要阶段组成。

雷电放电所产生的雷电流高达数十甚至数百千安，从而能够引起巨大的电磁效应、机械效应和热效应。从电力工程的角度来看，最值得我们注意的是两个方面：其一是雷电在电力系统中造成很高的雷电过电压，它是造成电力系统绝缘损坏和停电事故的主要原因之一；其二是雷电放电释放巨大能量，产生的巨大电流，有可能使物体燃烧、炸毁或由于电动力原因造成机械损坏。为了预防或限制雷电的危害，电力系统中采用了一系列防雷措施和防雷保护设备。

电力系统中除雷电过电压外，还经常出现另一类过电压：内部过电压。电力系统中由于开关电器的操作、事故或参数配合不当而引起的过电压，称为内部过电压。顾名思义，它产生的根源在电力系统内部，通常都是因为系统内部电磁能量的聚集和转换而引起的。

内部过电压按产生原因可分为操作过电压和暂时过电压，它们也可以按持续时间来区分，一般操作过电压持续时间都在 0.1 s 内，而暂时过电压持续时间要长得多。

与雷电过电压产生原因单一性（雷电放电）不同，内部过电压由于产生原因、发展过程、影响因素的多样性，具有种类繁多、机理各异的特点。图 2-2 中列出了若干出现频繁、对绝缘水平影响较大、发展机理比较典型的内部过电压。

图 2-2　内部过电压

外部过电压是由雷电所产生，其过电压幅值与电网本身的工作电压联系很小，所以采用绝对电压（单位为 kV）来表示；而内部过电压能量来源于电网本身，所以其过电压幅值与电网额定电压大致上有一定比例关系，因而在研究内部过电压的时候为了直观和方便计算，采用标幺值（p.u.）来表示，其基准值使用系统最高工作相电压幅值。

任务 1　变电站和发电厂的防雷保护

知识目标

能区分并解释避雷针、避雷线保护原理；能阐述保护角的概念并知道计算方法；能解释避雷器保护其他设备时的配合原则；能阐述四种基本避雷器的区别；能阐述氧化锌避雷器的优缺点；能区分独立避雷针和构架避雷针；能举例说明发电厂和变电站的相关防雷保护；能区分各类变压器防雷保护。

素质目标

培养学生理论联系实际的能力、宏观辨识的能力。

变电站和发电厂发生雷害事故，往往会导致变压器、发电机等重要电气设备的损坏，并造成大面积停电，因此变电站和发电厂的防雷保护必须是十分可靠的。

变电站和发电厂的雷害一般来自于两个方面：一是雷电直击变电站和发电厂；二是雷击输电线路，然后通过输电线路入侵变电站和发电厂。

对直击雷的保护，一般采用避雷针和避雷线，根据我国电网的运行经验，凡是装设了符合相关标准要求的避雷针、避雷线的变电站和发电厂，遭受雷直击的概率是非常低的。而由于输电线路落雷频繁，所以通过输电线路入侵雷电波是造成变电站和发电厂雷害事故的主要原因。

对入侵波过电压防护的主要措施是合理确定在发电厂、变电站内装设的避雷器的位置、数量、类型和参数；同时在线路进线段上采取辅助措施，以限制流过避雷器的雷电流幅值和降低入侵波陡度，使发电厂、变电站电气设备上的过电压幅值低于其雷电冲击耐受电压。对于直接与架空线路相连的发电机，除在发电机母线上装设避雷器外，还应装设并联电容器，以降低进入发电机绕组的入侵波陡度，以保护发电机匝间绝缘和中性点绝缘。

一、防雷保护装置

防雷保护装置包括避雷针、避雷线、避雷器和接地装置四部分，它们的防雷害原理和作用各不相同，所以使用范围也不同。

（一）避雷针和避雷线

　　避雷针（线）的保护原理是，当雷电放电接近地面时会使得地面电场发生严重畸变，在避雷针（线）为大曲率电极，其顶部会形成局部超高场强空间，因此能够引导雷电向避雷针（线）放电，再通过接地引下线和接地装置将雷电流引入大地，从而避免了避雷针（线）周围其他物体遭受雷直击。所以就避雷针（线）的作用来说，称其为"引雷针（线）"或"接闪针（线）"也许更贴切。

　　避雷针一般用于保护变电站和发电厂，可以根据不同的情况装设在配电装置构架上或者装设在独立构架上。避雷线主要用于保护线路，也可用于保护变电站和发电厂。

　　避雷针的保护范围是指被保护物在此空间内不会遭受雷击，可以用多种方法来计算，本书不做介绍。

　　避雷线的保护范围计算与避雷针类似，但是工程中避雷线对输电导线的保护通常不是用其保护范围，而是使用保护角来表征。保护角是指避雷线和外侧导线的连线与避雷线的垂线之间的夹角。保护角越小，保护越可靠。保护角的计算如图 2-3 所示。高压输电线路的设计，保护角一般取 20°～30°即可认为导线已处于避雷线的保护范围之内。220～330 kV 双避雷线线路一般采用 20°左右；500 kV 一般不大于 15°。山区宜采用较小的保护角。

图 2-3　保护角

（二）避雷器

　　变电站和发电厂使用了避雷针保护后，电气设备几乎可以免受雷直击，而长达数百千米的输电线路上即使有避雷线保护，也不能完全防止雷绕击和雷反击（见后文），雷电波依然可以通过输电线路入侵变电站，入侵后将直接危及变压器等电气设备的绝缘。为了防止入侵的雷电波危害其他设备绝缘，需要装设另一种防雷保护装置，即避雷器。

　　伏秒特性便是用于比较避雷器与被保护设备的冲击击穿特性，从而达到保护的效果。

　　如图 2-4 所示，以避雷器与变压器并联保护变压器为例，图（a）中，避雷器的伏秒特性曲线完全位于变压器下方，此时无论雷电压幅值多高，避雷器总是先于变压器被击穿；图（b）中，避雷器伏秒特性在雷电压幅值较高时上翘严重，与变压器伏秒特性相交，当雷电压幅值较低时避雷器率先击穿，能够很好地保护变压器，而雷电压幅值较高时，变压器率先被击穿，因此此种情况下避雷器不能完全保护变压器；图（c）中，避雷器伏秒特性完全位于变压器上方，因此无论雷电压幅值多高，变压器总是先于避雷器被击穿，此种情况下变压器完全得不到保护。

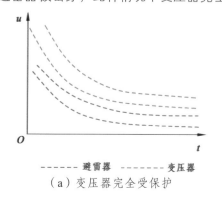

（a）变压器完全受保护

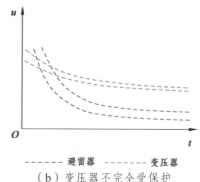

（b）变压器不完全受保护

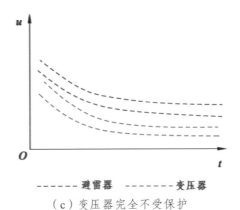

------ 避雷器　------ 变压器

（c）变压器完全不受保护

图 2-4　避雷器保护与伏秒特性关系

因此，在变电站和发电厂工程设计中，避雷器与被保护设备在冲击电压作用下的保护配合原则可以归纳为两点：

（1）避雷器伏秒特性的上包络线始终应当处于被保护设备伏秒特性的下包络线下方；

（2）避雷器伏秒特性与被保护设备伏秒特性不得相交。

至目前为止，电力系统中主要使用过的避雷器有四种：保护间隙、管式避雷器、阀式避雷器和金属氧化物避雷器。目前而言，管式避雷器和阀式避雷器基本上已经淘汰。

1. 保护间隙

保护间隙是一种最基础的避雷器，也称为放电间隙或保护球隙，如图 2-5 所示。

图 2-5　保护间隙

保护间隙由两个电极构成，其中一个电极接地，一个电极与设备并联，电极之间有空气间隙，通过调整该空气间隙的距离，可以保证当设备上出现过电压时，该空气间隙率先击穿，过电压从保护间隙流入大地，从而使得被保护设备得到保护。

此避雷器结构非常简单，成本很低，但是也有很多缺点：

（1）空气间隙灭弧能力差，一旦有大电流击穿，就很难熄灭。

（2）此保护的伏秒特性非常陡峭，而且分散性大，在冲击电压较高时，保护间隙与被保护设备伏秒特性曲线相交，所以不能起到很好的保护作用。

（3）空气间隙击穿后工作导线直接接地，间歇性地击穿会产生幅值很高的冲击载波，产生载波过电压，危及被保护设备的绝缘。

因此，保护间隙一般仅用于变压器中性点，或者与试验设备并联，以保护试验设备。

2. 管式避雷器

为了解决保护间隙灭弧能力差的缺点，管式避雷器采用了排气式吹弧原理来提高灭弧能力，但是由于其运行维护麻烦、成本高等，现已经基本淘汰。

3. 阀式避雷器

阀式避雷器采用了火花间隙和碳化硅阀片串联结构，再与被保护设备并联的方式。火化间隙的作用是隔离阀片与系统电压，并且有一定的灭弧作用；碳化硅阀片的最大特点就是由于其非线性伏安特性曲线（低电压时处于不导通状态、过电压时处于短路状态），使得在系统电压时，避雷器阻抗很大，而出现过电压时，避雷器阀片立刻导通，使过电压能量泄入大地，保护其他电气设备。

阀式避雷器有较平坦的伏秒特性和较强的灭弧能力，并且可以避免截波发生，但是由于碳化硅阀片的伏安特性曲线还不够理想，保护性能比不上金属氧化物阀片，成本也不够低，所以目前已经很少使用。

4. 金属氧化物避雷器

阀式避雷器中的碳化硅阀片已经发展到极限，要想进一步优化其保护性能，提高保护水平已经非常困难了，为了取得突破，就要设法研制新型阀片材料。

金属氧化物避雷器（也称 MOA）是 20 世纪 70 年代出现的一种全新避雷器，最具代表性的是氧化锌避雷器。

氧化锌避雷器的阀片是以氧化锌（ZnO）为主要原料，掺杂了微量其他金属氧化物和添加剂制成的。此阀片伏安特性具有非常优异的非线性特性，如图 2-6 所示，在正常系统电压下，氧化锌阀片的泄漏电流非常小，属于微安级，而相比之下，碳化硅阀片在正常工作电压下能达到数百安的泄漏电流，这也是为什么碳化硅阀片需要利用火花间隙与系统隔离，而氧化锌避雷器可采用无间隙；当出现过电压时，氧化锌阀片电阻会急剧减小，并且要比碳化硅阀片好很多，接近于理想状态（曲线斜率降为 0）。

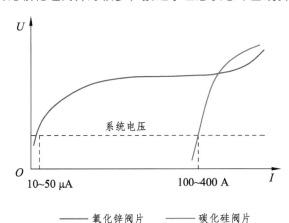

图 2-6　碳化硅和氧化锌阀片伏安特性比较

相比碳化硅阀式避雷器，氧化锌避雷器有以下特点：

（1）保护性能优越：氧化锌阀片伏安特性更加理想，保护效果更好。

（2）无间隙：由于氧化锌阀片在系统电压下泄漏电流非常小，因此可以做到无间隙，阀片能够长时间并联在电网中。没有火花间隙，因此没有放电时延，能够更加迅速吸收系统过电压的能量。

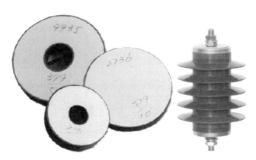

图 2-7　氧化锌阀片与氧化锌避雷器

（3）伏秒特性优越：伏秒特性在陡波下会有一定上翘，并且上翘不明显，因此与被保护设备的配合非常完美，尤其对 GIS 变电站的保护尤为适合。

（4）无续流：氧化锌避雷器的续流为微安级，实际上可视为无续流。

（5）动作负载轻：在雷电作用下，只会吸收雷电流的能量，不会长期连续吸收系统工频电流的能量，因此动作负载轻，可以短时间内多次、重复动作。

（6）通流容量大：同碳化硅阀片比较，相同规格的氧化锌阀片通流能力为碳化硅的 4～4.5 倍，因而可以用来限制时间更长、能量更大的操作过电压，也可耐受一定持续时间的暂时过电压。

（7）造价低廉：氧化锌避雷器结构简单，造价低廉，适宜于大规模生产。

金属氧化物避雷器由于有以上优点，因此是目前避雷器的主要发展方向。它有一些重要的参数如下：

（1）额定电压：避雷器两端允许施加的最大工频电压有效值，一般等于系统出现暂时过电压时的最大电压值，此时要求避雷器能够保持断开状态，不会因为发热而崩溃，并且当操作过电压、雷电过电压出现时能够正常动作。

（2）持续运行电压：允许长期连续施加在避雷器两端的工频电压有效值，一般等于安装点系统最高工作相电压。

（3）起始动作电压（参考电压）：其大致位于氧化锌阀片伏安特性曲线的拐点，从这一电压开始，认为避雷器已经进入限制过电压的工作范围。通常来说把通过 1 mA 直流电流或工频电流阻性分量幅值时其两端的电压幅值定义为起始动作电压，记作 $U_{1\,mA}$。

（4）残压：指放电电流流过避雷器时，其端子两端出现的压降（电压峰值）。

（三）接地装置

电气设备需要接地的部分与大地的连接是靠接地装置来实现的，它由接地极和接地引下线组成。接地装置的作用是减小接地电阻，从而降低雷电流通过避雷针（线）或避雷器上的过电压。输配电系统中出于正常运行和人身安全等方面考虑，也要求装设接地装置以减小接地电阻，其接地方式可分为防雷接地、工作接地和保护接地等。

防雷接地是针对防雷保护的需要而设置的接地，目的是减小雷电流通过防雷接地装置泄入大地时造成的整体地电位升高。

防雷接地不等同于工作接地和保护接地，原因之一是雷电流幅值非常大，二是雷电流等值频率高。雷电流幅值大，就会使流过接地体的电流密度大，接地体周围土壤中的电场强度强，若超过土壤的击穿场强时，会发生局部火花放电，会使得冲击接地电阻（在冲击电压作用下的接地阻抗值）因放电而减小，称为火花效应；雷电流等值频率高，会使得接地体感抗（$X_L = j\omega L$，感抗随角频率上升而上升）过大，因而阻碍雷电流流向远方，会使得冲击接地电阻增加，称为电感效应。在实际工程中，冲击接地电阻与接地体的尺寸、雷电流幅值和波形、土壤电阻率等均有关系，是增大还是减小需要进行试验确定，工程中要求其冲击接地电阻一般小于 10 Ω。

二、变电站和发电厂直击雷保护

为了避免变电站和发电厂的电气设备以及建筑物遭受雷电直击，需要装设避雷针或避雷线进行保护，同时还要求雷击避雷针或避雷线时，不发生反击。

所谓雷反击，即是雷电击中避雷针或避雷线时，避雷针、避雷线、杆塔、接地等整体电位被抬高，导致空气或绝缘子等绝缘电介质被击穿，雷电流即可侵入系统。

按安装方式，避雷针可以分为独立避雷针和构架避雷针。

1. 独立避雷针

所谓独立避雷针，是指不借助其他建筑物和构筑物，组装架设专门的杆塔（如铁塔），且有专门独立的防雷接地装置，并在其上部安装避雷针而形成的避雷装置，如图 2-8（a）所示。

（a）独立避雷针　　　　　　　　　（b）构架避雷针

图 2-8　避雷针

雷电流击中独立避雷针后，能够从独立的构架迅速进入大地，很难发生反击事故。因此，对于绝缘裕度不够高的配电装置和建筑、接地电阻较大的地区、十分重要的设备和建筑，都要求只能装设独立避雷针。

在变电站和发电厂中要求使用独立避雷针的场合有：

（1）35 kV 及以下配电装置。

（2）土壤电阻率大于 500 Ω·m 地区的 66 kV 配电装置。

（3）土壤电阻率大于 1 000 Ω·m 地区的 110 kV 及以上的配电装置。

2. 构架避雷针

与独立避雷针相反，构架避雷针没有自身独立的构架，而是架设在其他配电装置、建筑物上的避雷针，如图 2-8（b）所示，当雷击构架避雷针时，其所依赖的其他配电装置构架会流过雷电流，如果绝缘裕度不足，则发生反击事故的概率较高。因此，构架避雷针仅用于绝缘裕度较高、土壤电阻率较小的地方。

而对于变电站中最重要的设备——主变压器，在其构架上通常都不装设避雷针，一般采用独立避雷针或在邻近其他设备构架上装设构架避雷针。如果满足电力相关标准（DL/T 620—1997）规定，变压器门型构架上也可以装设构架避雷针。

为了确保变电站中最重要而绝缘又较弱的设备——主变压器的绝缘免受反击的威胁，除水力发电厂外，装设在构架（不包括变压器门型构架）上的避雷针与主接地网的地下连接点至变压器接地线与主接地网的地下连接点之间，沿接地体的长度不得小于 15 m。

三、变电站和发电厂入侵波保护和进线段保护

在变电站出线、进线最外侧装设避雷器是限制雷电入侵波过电压的最主要的措施。变压器以及其他电气设备的绝缘水平也是依据避雷器的特性而确定的。避雷器在此的作用主要是限制入侵过电压波的幅值和陡度。为了使避雷器负担不至于过重，以及有效地发挥其保护功能，还需要有"进线段保护"作为配合，这是现代变电站和发电厂防雷的基本思路。

（一）入侵波保护

图 2-9 为雷电压入侵后，避雷器两端电压的图解。图中黑线为雷电压波形，当雷电压上升至与避雷器伏秒特性曲线（灰色粗线）相交时，避雷器发生击穿，此时避雷器两端电压骤降，但是并未降为 0，因为氧化锌避雷器在雷电压作用下会有残压，蓝色线为避雷器在该雷电压作用下的残压。综上所述，避雷器两端真实电压应当如图中红色虚线所示。

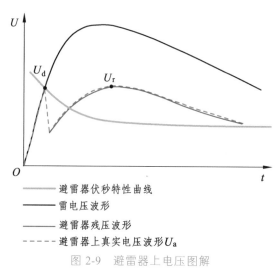

图 2-9 避雷器上电压图解

由此可见，避雷器上真实电压具有两个峰值：一个是冲击放电电压 U_d，一个是避雷器残压最大值 U_r。

U_d 取决于雷电压波形与避雷器伏秒特性交点；U_r 取决于流过避雷器的雷电流，而由于在击穿状态的避雷器阻抗极小，因此，即使雷电流在很大范围内变动，避雷器残压最大值 U_r 变化也不大，一般来说工程取避雷器流过 5 kA 电流时的电压为其残压最大值。

如果避雷器与被保护设备距离很近，被保护设备的两端波形就可以视作与避雷器相同，因此在工程中，避雷器与被保护设备在冲击电压作用下的保护配合原则可以归纳为两点：

（1）被保护设备冲击耐压值大于避雷器的冲击放电电压。

（2）被保护设备冲击耐压值大于避雷器在 5 kA 电流下的残压。

（二）进线段保护

当雷击变电站附近线路，产生入侵雷电波时，流过避雷器的电流可能超过 5 kA，甚至在 10 kA 以上，因此避雷器的残压很可能超过被保护设备的冲击耐压值，导致设备损坏。

因此，对于靠近变电站 1~2 km 的线路（称为进线段）必须加强防雷保护，以防止出现反击和绕击。具体的措施有：

（1）对于未全线架设避雷线的输配电线路，在变电站进线段必须架设避雷线。

（2）对于全线架设避雷线的输配电线路，在进线段应当加强防雷保护，包括降低避雷线保护角、加装线路避雷器等措施，以提高其耐雷水平，避雷线的保护角一般不宜超过 20°。

（3）对于电缆进线的变电站，在电缆进线前的 1 km 架空输电线路上，应当架设避雷线。

四、变压器防雷保护

主变压器为变电站中最重要的设备，并且变压器的绝缘相比其他电气设备而言比较脆弱，容易发生击穿，也容易遭受反击的威胁，因此对于主变压器而言通常有独立的防雷保护措施。

1. 三绕组变压器

一般来说，为了防止开路的低压绕组由于电磁耦合出现较高过电压，在低压侧出线端都需加装一组避雷器。

2. 自耦变压器

（1）自耦变压器除了高中压自耦绕组外，还有一个三角形接线的低压非自耦绕组，在这个低压绕组上应装设限制静电感应过电压的避雷器。

（2）当中压侧开路，高压侧进波时，为防止中压侧套管闪络，中压侧套管与断路器之间应当装设一组避雷器。

（3）当高压侧开路，中压侧进波时，为防止高压侧套管闪络，高压侧套管与断路器之间也应当装设一组避雷器。

3. 变压器中性点

110 kV 及以上电网中性点必须接地，然而当变电站有两台变压器并列运行时，为减小单相接地时的短路电流，其中一台变压器可能采用中性点不接地方式运行，因此要考虑其中性点防雷问题。变压器中性点绝缘有两种情况：① 全绝缘：中性点绝缘水平与绕组首端绝缘水平相同；② 分级绝缘：中性点绝缘水平低于绕组首端绝缘水平。

（1）当变压器采用全绝缘时，中性点绝缘水平较高，一般不需要专门保护；只有当变电站只有一台变压器，且为单进线运行方式时，变压器中性点应加装一台与绕组首端相同电压等级的避雷器。

（2）当变压器采用分级绝缘时，则必须在中性点处加装与中性点绝缘相同电压等级的氧化锌避雷器或间隙加以保护。

（3）对于 35 kV 及以下小电流接地系统变压器，中性点一般都不设专门保护。

4. 配电变压器

一般来说配电变压器高压侧和低压侧应当装设避雷器保护，并且应尽可能地靠近变压器装设。

课后思考

1. 保护角的概念是什么？
2. 避雷器是如何保护其他被保护设备的？
3. 避雷器在设计上和在工程上保护配合原则分别是什么？
4. 保护间隙有什么优点和缺点？
5. 氧化锌避雷器相比阀式避雷器，最大的优点是什么？
6. 独立避雷针和构架避雷针有什么区别？

任务 2　输电线路的防雷保护

知识目标

能阐述与耐雷性能相关的各项参数与指标；能区分并解释耐雷水平和雷击跳闸率的概念；能区分并解释反击与绕击的概念；能区分并阐述感应雷过电压和直击雷过电压；能解释雷击输电线路导致发生供电中断逻辑关系；牢记输电线路防雷措施。

素质目标

培养学生理论联系实际的能力，以及现实模型化的认知。

输电线路往往穿越山岭或旷野，又是地面上高耸的物体，因此极易遭受雷击。根据运行经验，电力系统中的停电事故几乎超过一半是由于雷击造成的，特别是超、特高压电网，由雷击造成事故的概率更大。同时，自线路入侵变电站和发电厂的雷电波也是威胁变电设备绝缘的主要因素之一，因此，对于输电线路的防雷保护应予以充分重视。输电线路防雷保护的根本目的就是降低雷害的次数和造成的损失。

根据过电压形成的物理过程，输电线路上的雷电过电压分为两种：① 直击雷过电压；② 感应雷过电压。直击雷过电压是由雷电直接击中杆塔、避雷线或导线引起的过电压。而感应雷过电压是由雷击线路附近大地，由于电磁感应在导线上产生的过电压。运行经验表明，直击雷过电压对电力系统的危害最大，感应雷过电压只对 35 kV 及以下的线路有威胁。

一、与耐雷性能相关的各项参数与指标

在分析输电线路耐雷性能时，需要使用到雷电的各项参数以及线路的各项指标来进行综合评估，并且最终目的是计算出其雷击跳闸率。

对于脉冲波形的雷电流，需要三个主要参数来表征：幅值、波头（波前时间）和波长（半峰值时间）。幅值和波头又决定了雷电流随时间上升的变化率，即雷电流的陡度。雷电流的陡度对过电压有较大影响，是常用的一个重要参数。

1. 雷电流幅值的概率分布

雷云对地放电是造成雷害的主要因素。雷击地面物体时，在雷电的主放电过程中，将有幅值很高的雷电流流过被击物。在雷电流的实际测量中，国际上一般习惯把雷击于低接地阻抗物体时，流过该物体的电流定义为雷电流（I）。

雷电流幅值的概率分布是用来表征超过某一个大小的雷电流出现的概率。

《交流电气装置的过电压保护和绝缘配合》（DL/T 620—1997）推荐使用经验公式 $P = 10^{-\frac{I}{88}}$ 来计算我国大部分地区雷电流大小超过 I 的概率 P。例如，幅值超过 50 kA 雷电流出现的概率约为 27%。

2. 雷电流的波形

在项目一任务二中介绍我国雷电压波形采用 ±1.2/50 μs，而在防雷保护计算中，一般将雷电视作电流源，使用电流模型，雷电流波形与雷电压波形几乎一致，区别仅在于波前时间和半波峰时间。

据统计，波头长度（波前时间）大多在 1~5 μs 的范围内，我国在防雷保护设计中建议采用 2.6 μs 的波头长度。

至于雷电流的波长（半峰值时间），实测表明在 20~100 μs 的范围之内。

在防雷保护计算中，雷电流的波形可以采用 2.6/50 μs。

3. 雷电流陡度

由于雷电流的波头长度变化范围不大，所以雷电流陡度和幅值密切相关。我国采用 2.6 μs 的固定波头长度，认为雷电流的平均陡度 a 和幅值线性相关，即

$$a = \frac{I}{2.6} \quad (\text{kA/μs})$$

也就是说幅值较大的雷电流同时具有较大的陡度。

4. 雷暴日和雷暴小时

由于地理条件等因素不同，各区域雷电活动强烈程度也各不相同，因此在计算耐雷性能和进行防雷设计时，必须从该地区的雷电活动具体情况出发。

为了表征不同地区雷电活动频繁程度，一般采用雷暴日 T_d 来作计量单位，它指某地区（一般采用 10 km×10 km 区域内）一年中有雷电放电的天数，一天中只要听到一次及以上的雷声就算一个雷暴日。除此之外，也可以使用雷暴小时来表征该地区雷电频繁程度，只要一小时中出现过一次雷电，即可计一个雷暴小时。

我国把年平均雷暴日数 $T_d > 90$ 的地区叫作强雷区，$40 < T_d < 90$ 叫作雷区，$T_d < 25$ 叫作少雷区。

5. 地面落雷密度

为了表征雷云对地的放电频繁程度，就需要比雷暴日和雷暴小时更加精确的指标，地面落雷密度 γ 是指每平方千米每个雷暴日的对地平均落雷次数。一般来说 T_d 越大的地区，γ 也较大，《交流电气装置的过电压保护和绝缘配合》（DL/T 620—1997）规定：对于 $T_d = 40$ 的地区取 $\gamma = 0.07$ [次/（雷暴日·km^2）]。

6. 输电线路走廊的雷击次数

根据输电线路所处地区不同、高度不同、结构不同，其遭受雷电击中的概率也大不一样，在防雷计算中采用参数 N 来表征每 100 km 输电线路走廊每年遭受雷击次数。

一般来说，N 与地面落雷密度 γ 成正比，而且避雷线间距越宽、避雷线高度越高，N 也就越大。

7. 击杆率

雷电击中输电线路走廊，并非一定会击中导线，其实有大概率会击中杆塔或者是避雷线，击中杆塔时由于大电流流入接地体，导致地电位瞬间抬高，也有可能会发生反击事故，通常采用击杆率 g 来表征雷电击中杆塔的概率。

8. 绕击率

对于已经装设避雷线的输电线路，雷电有大概率会击中杆塔或避雷线，但是也不能排除其绕过避雷线和杆塔，直接击中导线的可能性，这种情况就称为绕击。绕击率 P_α 与避雷线保护角（α）、杆塔高度（h_t）、地貌地形、导线风偏、雷电流大小等各种因素均有关，是一个比较复杂的参数，计算方法也较多。

9. 耐雷水平

输电线路遭受雷击后，不是每次都会使绝缘子发生闪络，如果绝缘子不闪络，则不会引起电力系统故障，因此需要耐雷水平这样一个参数来衡量输电线路被雷电击中后发生闪络事故的概率。

耐雷水平是指：雷击线路时，其绝缘尚不至于发生闪络的最大雷电流幅值，也可解释为能引起绝缘闪络的最小雷电流幅值，单位为 kA。输电线路出现反击时所对应的耐雷水平称为反击耐雷水平，绕击所对应的耐雷水平称为绕击耐雷水平。耐雷水平越高，线路的防雷性能越好。110 kV、220 kV、500 kV 线路绕击时的耐雷水平分别只有 7 kA、12 kA、27.4 kA。因此，对于 110 kV 及以上中性点直接接地系统的输电线路，一般都要求沿全线架设避雷线，以防止线路频繁发生雷击闪络跳闸事故。

10. 雷击跳闸率

雷击跳闸率是指每 100 km 线路每年由雷击引起的跳闸次数，单位为"次/年·100 km"，它是衡量线路防雷性能的综合指标。

对于 110 kV 及以上的输电线路，雷击线路附近地面时感应雷过电压一般不会引起闪络，雷击避雷线档距中央引起的闪络事故也极为罕见。因此，对于 110 kV 及以上装设有避雷线的线路，其雷击跳闸率只考虑雷击杆塔和雷绕击于导线两种情况下的跳闸率。

雷击跳闸率通常可以通过三种方式得到：第一种为实测统计，通过对真实的线路进行实地观测并且统计，得到该 100 km 输电线路一年内因雷击引发的跳闸次数，这种方法较为复杂，人力成本较高，但是精确性也很高；第二种为计算，通过规程法公式，对一段输电线路参数进行一系列计算，得出一年跳闸次数，该方法简单方便，但是精度较低，电压等级越高误差越大，一般仅用于估算；第三种为仿真模拟，通过计算机仿真一段 100 km 输电线路，输入线路和该地雷电参数，利用计算机仿真得出数据，该方法依赖较为精确的仿真软件和仿真模型，有较高的精度。

输电线路防雷性能的优劣主要用耐雷水平及雷击跳闸率来衡量。

11. 建弧率

雷击输电线路导致跳闸需要具备两个条件：一是雷电流超过线路的耐雷水平，引起线路绝缘发生冲击闪络；二是冲击电弧转化为稳定的工频短路电弧。

输电线路的绝缘由于雷击而发生闪络，雷电流在很短的时间内就流入大地。当雷电流消失后，如果闪络的绝缘子恢复正常，闪络放电消失，则系统继电保护来不及反应，不会造成跳闸事故；如果在雷电流消失后，绝缘子的闪络转化为工频电弧，则会长期存在，继电保护便会迅速动作，引起跳闸事故。

在输电线路总闪络次数中，可能转化为稳定工频电弧的比例，称为建弧率 η。建弧率 η 与绝缘子上平均电场强度有关，平均电场强度越强，建弧率就越高。

二、感应雷过电压

当雷击输电线路附近的大地时，由于雷电通道与输电线路的电磁感应，会使线路上产生感应雷过电压。

（1）对于导线上方无避雷线的输电线路，感应过电压可以用下式估算：

$$U_i \approx 25 \frac{I h_c}{S} \ (\text{kV}) \tag{2-1}$$

式中　S——雷击点与线路的水平距离（m）；

　　　h_c——导线平均高度（m）；

　　　I——雷电流幅值（kA）。

从经验公式可以看出，感应过电压与雷电流幅值、导线高度成正比，与雷击点距离成反比。

（2）对于导线上方有避雷线的输电线路，其导线上产生的过电压将会比没有避雷线的情况低，导线与避雷线的耦合越强，过电压就越低。

（3）对于公式（2-1），只适用于雷击线路附近大地 $S \geqslant 65$ m 的情况。对于更近的落雷，事实上将因线路的引雷作用而击于线路。当雷击杆塔或线路的避雷线时，由于雷电通道所产生的电磁场的迅速变化，将在导线上感应出与雷电流极性相反的过电压。标准建议对一般高度的线路，感应雷过电压的最大值为：

$$U_i = a h_c \ (\text{kV})$$

式中　a——感应过电压系数，其值等于以 kA/μs 计的雷电流陡度值。

感应雷过电压在三相导线上同时存在，故相间不存在电位差，只能引起对地闪络。与直击雷过电压相比，感应雷过电压的波形和波头较平缓，而波长较长。

一般来说，雷电产生的感应雷过电压幅值都比较低，而且在很短时间内就消失，所以一般不会引起 110 kV 及以上电压等级的输电线路发生闪络，所以在电力系统中，一般针对 35 kV 及以下配电网络，才考虑感应雷过电压。

三、直击雷过电压

输电线路遭受直击雷分为三种情况：第一是雷击塔顶，第二是雷击避雷线，第三是雷电绕过避雷线击中导线。

1. 雷击杆塔塔顶

雷电击中杆塔塔顶时，大部分雷电流 I_t（约 90%）直接通过杆塔接地流入大地，还有一小部分雷电流 I_s 通过避雷线支路流入相邻杆塔。

I_s 与雷电过电压基本无关，而由于杆塔和杆塔接地均有阻抗，当巨大的雷电流流过杆塔时，会让杆塔整体电位升高，在绝缘子串上方产生高电位 U_a。而此时导线瞬时电位为 U_c（位于零至工频电压峰值之间），当两点电位差，即作用在绝缘子串上的电压 U_{ac} 超过绝缘子串的 50%冲击放电电压 $U_{50\%}$ 时，绝缘子串便会发生闪络，这种绝缘子上端电位比导线电位高所导致的绝缘子闪络称为雷电反击。

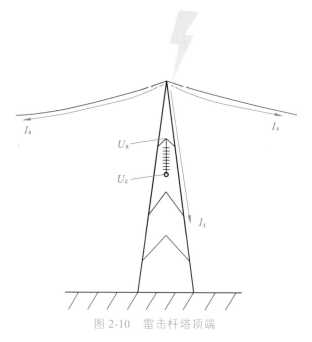

图 2-10　雷击杆塔顶端

一般来说，输电线路反击耐雷水平都很高，例如 500 kV 的输电线路，反击耐雷水平能高达数百千安，而超过 100 kA 的雷电流出现的概率极小，因此，电压等级越高，发生反击的可能性也就越低。

2. 雷击避雷线档距中央

雷电击中避雷线档距中央时，也会在雷击点产生很高的过电压。不过避雷线线径很小，电晕作用强，档距中央距离杆塔也较远，所以雷电流在传播过程中电晕衰减很强，使得过电压波传播至杆塔时，已经很难使绝缘子发生反击闪络，所以一般只考虑雷击杆塔造成的反击问题。

3. 雷绕击导线

对于已经装设避雷线的输电线路，雷电有大概率会击中避雷线，而非击中导线，但当雷电流幅值很小时，有可能绕过避雷线，直接击中导线，这种情况称为绕击。

虽然大电流的雷电很难发生绕击事故，但是输电线路的绕击耐雷水平都比较低，例如 500 kV 输电线路的绕击耐雷水平只有不到 30 kA，相比反击要低很多，因此一旦出现绕击，绝缘子大概率会出现闪络造成跳闸事故。所以对于 110 kV 及以上电压等级的输电线路，均要求全线架设避雷线，甚至对于特高压或者多雷地区，还采用负保护角（避雷线在导线外侧）的避雷线，以防止频繁发生雷击跳闸事故。

总体来说，雷电直击输电线路，最终导致继电保护动作，发生供电中断事故的逻辑如图 2-11 所示。

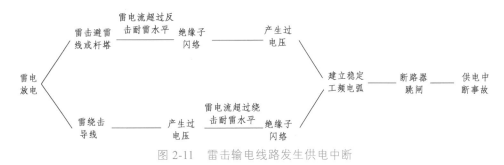

图 2-11 雷击输电线路发生供电中断

四、输电线路防雷措施

输电线路防雷设计的目的是提高线路耐雷性能，降低雷击跳闸率。在确定输电线路防雷方式前，应全面考虑线路的重要程度、系统运行方式、线路经过的地区雷电活动强弱、地形地貌、土壤电阻率等各种情况，结合当地原有线路的运行经验，根据技术经济比较，因地制宜，采取合理的保护措施。输电线路常采用的防雷保护措施有以下几点：

1. 架设避雷线

1）架设避雷线的目的

架设避雷线是高压、超高压输电线路采取的最基本的防雷措施，如图 2-12 所示。其主要目的是防止雷电直击导线；还有分流作用，减小流过杆塔的电流，从而降低塔顶电位和反击概率；避雷线与导线的耦合作用还能降低导线上过电压；避雷线对导线还有屏蔽作用，可降低感应电压。

2）架设避雷线的方法

对于 35 kV 及以下配电线路一般不要求全线装设避雷线，只在进线段架设避雷线，因为其绝缘水平低，

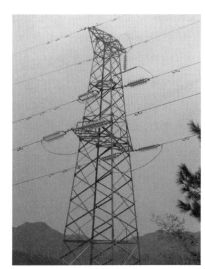

图 2-12 输电线路避雷线

即使装设避雷线，雷击避雷线时，也很容易造成反击事故，除此之外，对于 35 kV 及以下中性点非有效接地系统而言，单相接地故障的后果并没有中性点直接接地系统那么严重，因而主要采用消弧线圈和自动重合闸进行防雷。

避雷线保护角是避雷线对地垂线和避雷线与外侧导线连线之间的夹角，一般来说保护角越小，防止雷绕击的效果越好。

110～220 kV 输电线路保护角 α 一般取 20°～30°，500 kV 输电线路保护角往往小于 15°。在多雷区或部分山区，可以适当降低保护角，让导线得到更加完备的防绕击保护。甚至对于特高压输电线路，有一种专门设计的塔型，采用负保护角，甚至三根避雷线，几乎可以完全屏蔽雷绕击事故。

图 2-13   负保护角杆塔

2. 降低杆塔接地电阻

提高线路反击耐雷水平、降低雷击跳闸率的主要措施便是降低杆塔接地电阻。当雷击中杆塔，雷电流流入大地的过程中，由于接地电阻和杆塔阻抗的原因，会导致塔顶电位升高以至绝缘子串电压过高发生闪络造成反击事故。适当地降低杆塔的接地电阻能够有效限制塔顶电位，防止绝缘子串电压过高发生闪络，从而提高输电线路的反击耐雷水平。

在土壤电阻率低的地区，应充分利用铁塔、钢筋混凝土杆塔的自然接地电阻。在土壤电阻率高的地区，用一般方法很难降低接地电阻时，可采用多根接地体、设置水平接地体或者采用降阻剂等措施。

3. 架设耦合地线

这种方法算是一种补救措施，可以在已投运的输电线路的雷击故障频发的线段上，在导线下方架设耦合接地线，虽然不能像避雷线一样拦截直击雷，但其可起到增强导线与地的耦合作用，降低导线过电压、降低绝缘子串电压，从而提高线路耐雷水平。另外耦合地线还可承担对雷电流的分流作用。

4. 消弧线圈接地方式

对于雷电活动强烈的地区，或雷害事故频发的线段，线路绝缘水平较低，特别是 35 kV 电压等级配电线路，可以采用中性点经消弧线圈接地的方式，这样可以使得大多数雷击导致的单相接地故障被消弧线圈消除，不至于发展为稳定工频电弧，大大降低了建弧率和雷击跳闸率。

5. 加强绝缘

对于落雷概率较大的地区、雷击次数较多的线段、绕击概率大的塔型等，可以增加杆塔和线路整体绝缘水平，最直接的方法是增加绝缘子片数，除此之外还可以改用大爬距绝缘子、增大塔头空气间距等方法来增强线路绝缘。但是由于绝缘的饱和作用，所以该方法实施起来有一定的局限性，一般为了提高耐雷水平，优先采用降低接地电阻的方式。

6. 装设线路避雷器

装设线路避雷器是将避雷器与输电线路绝缘子串并联安装（可分为有间隙和无间隙），利用避雷器的非线性伏安特性来保护绝缘子串，如图 2-14 所示。当出现雷击时，由于避雷器冲击放电电压低于绝缘子的冲击耐压值，所以避雷器率先击穿，而避雷器的残压也低于绝缘子的冲击耐压值，所以在雷电流泄流的整个过程中绝缘子不会出现闪络。雷电流过后，流过避雷器的工频续流仅为毫安级，流过避雷器的工频续流在第一次过零时熄灭，线路断路器不会跳闸，系统恢复到正常状态。

当然，线路避雷器不会在输电线路全线安装，而是仅在雷击事故频发的线段、存在绝缘薄弱点的杆塔、接地电阻超标的杆塔等有选择性地重点安装。

图 2-14　线路避雷器

7. 不平衡绝缘方式

为节省线路走廊，在高压输电中，特别是对于超特高压，采用同杆架设双回线路日益增多，对此类线路在采用通常的防雷措施仍不满足防雷要求时，可以采用不平衡绝缘方式来降低双回线路遭受雷击时同时跳闸率。具体做法可以使一回的输电线路绝缘子片数少于另一回绝缘子片数，这样在该线路遭受雷击时，绝缘子片数少的回路先出现闪络，闪络后另一侧绝缘子两端电压会急剧下降，不再发生闪络，从而相应提高了另一侧线路的耐雷水平。这样就保证了双回输电线路至少有一回不会因雷击而出现跳闸事故，减少损失。

8. 装设自动重合闸

由于输电线路绝缘为外绝缘，具有自恢复功能，大多数雷击造成闪络产生的工频电弧都能在断路器跳闸后自动熄灭，绝缘不会遭受永久性损坏，重合闸后能够继续正常送电，因此这种情况下重合闸的效果很好。

课后思考

1. 耐雷水平的概念是什么？
2. 雷击跳闸率的概念是什么？一般可以如何得到？
3. 直击雷中的绕击和反击分别是指什么？
4. 输电线路常用防雷措施有哪些？

任务 3   操作过电压及限制措施

知识目标

能阐述操作过电压对系统的危害；能阐述操作过电压产生根本原因；能区分各类操作过电压产生过程与特点；能说出各类操作过电压影响因素和限制措施。

素质目标

培养学生理论联系实际的能力，以及宏观辨识与微观探析的能力。

操作过电压是由于开关电器操作成事故时电网中的电场能量和磁场能量发生相互转化而引起的过电压。

操作过电压的"操作"并非狭义的倒闸操作，而应理解为"电网参数突变"，它可以由倒闸操作引起，也可以由故障引起。这一类过电压幅值较大，但可以设法采用某些限压装置和技术措施来加以限制。

一、空载线路的分闸过电压

切除空载线路是电力系统非常常见的一种操作。电网中的输配电线路一般来说都是两侧各一组断路器，无论是事故调整，还是正常操作，线路两侧断路器的分闸时间总是存在差异（一般为 0.01~0.05 s），后分闸的断路器即视为切除空载线路。断路器分闸过程中的电弧重燃现象，是产生分闸过电压的主要原因。

这种操作过电压引起的过电压幅值大、持续时间较长，所以是按操作过电压选择绝缘水平的重要因素之一。在实际中，常遇到切除空载线路引起阀式避雷器（现已淘汰）爆炸，套管闪络等情况。

1. 发展基本过程

切除空载线路时，切断的是小容量电容，容性电流很小，通常为几十到几百安，比短路电流小得多，但是在分闸初期，会产生反复的电弧重燃现象，引起电磁振荡，出现过电压。运行经验表明，断路器灭弧能力越差，重燃概率越大，过电压幅值越高。

图 2-15 为空载输电线路简化等值电路，图 2-16 为切除空载线路过电压的发展过程。

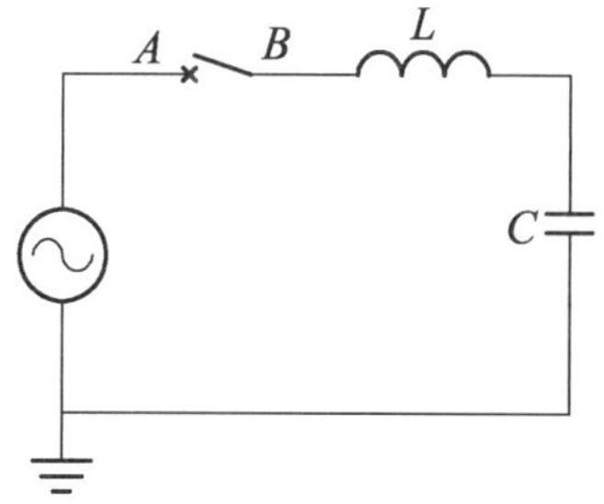

（1）$t = t_1$，第一次熄弧。

为了方便分析，当系统电压最大值时，令 $t = t_1$ 时，即系统电压处于 $e(t) = -E_m$ 时，断路器灭弧室内熄弧，A、B 两点断开。

图 2-15　简化等值电路

此时，A 点电位（蓝色曲线）与 B 点电位（红色曲线）相同，均为 $-E_m$，由于线路断开，电容 C 上电荷无处泄漏，因此 B 点电位保持 $-E_m$。

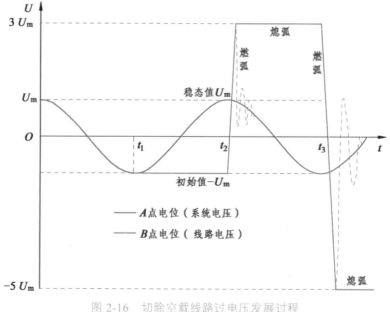

图 2-16　切除空载线路过电压发展过程

但 A 点为系统侧，电位仍按电源的余弦规律变化。随着时间从 t_1 向 t_2 推移，A 点电位从 $-E_m$ 逐渐变化为 $+E_m$，而 AB 两点电压也从 0 逐渐变化为 $2E_m$。如果在此期间，断路器触头间耐电强度恢复速度超过电压的升高速度，则电弧就此熄灭，线路被真正断开，不会产生过电压；如果在此期间，断路器触头间耐电强度恢复速度赶不上电压的升高速度，触头就会发生电弧重燃。

（2）$t = t_2$，第一次燃弧。

为了简化分析，假设 $t = t_2$ 时，即使最不利的情况下，$U_{ab} = 2E_m$ 的情况下，发生了电弧重燃，这种情况下由于电源电压突然施加在电感 L 和具有初值 $-E_m$ 的电容 C 组成的振荡回路上，产生高频振荡，在线路上产生过电压。

若不计回路损耗所引起的衰减，空载线路上产生的过电压幅值可以估算：

$$过电压幅值 = 稳态值+（稳态值-初始值）$$
$$= E_m + [E_m - (-E_m)] = 3E_m$$

其中，"稳态值"指的是 A 点电位即系统电压，"初始值"是指燃弧前一瞬间 B 点电位即空载线路对地电压。

燃弧短时间过后空载线路对地电压达到 $3E_m$ 时，电弧第二次熄灭，此时线路对地电压保持 $3E_m$，而 A 点为系统侧，对地电压继续按余弦变化，直至 $t=t_3$ 时刻。

（3）$t=t_3$，第二次燃弧。

$t=t_3$ 时刻，A 点对地电压为 $-E_m$，即稳态值为 $-E_m$，B 点对地电压保持 $3E_m$，即初始值为 $3E_m$。此时断路器断口电压 $U_{ab}=4E_m$，假设在此时，发生电弧重燃，则根据上述规律：

$$过电压幅值 = 稳态值+（稳态值-初始值）$$
$$= -E_m + [(-E_m) - 3E_m] = -5E_m$$

空载线路对地过电压幅值达到 $-5E_m$。

若系统持续按照此规律，每半周期电弧重燃一次，则线路上过电压幅值将按 $3E_m$、$-5E_m$、$7E_m$…的规律变化，直到电弧不再重燃为止。

2. 影响因素

以上分析都是按照最严重的情况进行的，实际上的情况受断路器的灭弧能力、电晕等多种因素影响，过电压达不到以上分析的理论数值。

下面介绍空载线路分闸过电压的主要影响因素：

（1）中性点接地方式：在中性点非有效接地系统中，系统中性点可能因各种原因（三相断路器不同期分闸、不对称短路等）发生位移，导致某一相的过电压明显升高，一般可估计比中性点有效接地系统中的过电压高20%左右。

（2）断路器灭弧性能：电弧重燃的次数和重燃时断口电压对这种过电压的最大值有着决定性的影响。断口电压越小、重燃次数越少，过电压就越低。

（3）母线上的出线数：若母线上出线有几回，仅切除一回，此种过电压将会较小。

（4）电晕损失：过电压较高时，强烈的电晕会损耗过电压能量，从而限制了电压升高。

（5）电磁式电压互感器：线路上装设有电磁式电压互感器时，剩余电荷能够通过互感器泄放，使得残余电压衰减，降低燃弧时断口电压，从而降低过电压。

3. 限制措施

（1）提高断路器灭弧能力：采用优秀的灭弧介质、改善断路器的结构、提高触头分闸速度等方法均可以提高断路器的灭弧能力，从而降低过电压。

（2）加装并联电阻：如图2-17所示，并联电阻是避免电弧重燃的有效措施。分闸时先切断 Q_1；经过 $1.5\sim2$ 个周期后再切断 Q_2，能够很好地限制过电压。综合考虑降低触头恢复电压的需要和电阻热容量，一般来说 R 取值为 $1\,000\sim3\,000\,\Omega$。

图 2-17　并联电阻

（3）利用避雷器保护：安装在线路首端和末端的金属氧化物避雷器可以很好地限制此种过电压幅值。

二、空载线路的合闸过电压

在电力系统中，空载线路的合闸过电压也是一种常见的操作过电压，它可以分为两种情况：计划性合闸与自动重合闸，这两种情况由于初始值不同，产生的过电压也不一样，但是空载线路合闸过电压的机理与空载线路分闸过电压类似，因此分析合闸过电压的简化等值电路也与分闸一样，如图 2-18 所示。

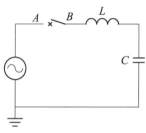

图 2-18　简化等值电路

1. 计划性合闸

在空载线路计划性合闸前，线路上（图中电容 C）一般不存在残余电荷，因此在合闸前一瞬间，初始值 $= 0$，而此刻考虑最不利的情况下，即系统电压处于峰值时，进行合闸，则稳态值 $= E_m$。

根据上节估算过电压的公式：

$$过电压幅值 = 稳态值 + (稳态值 - 初始值)$$
$$= E_m + [E_m - 0] = 2E_m$$

可见，对于计划性合闸空载线路，产生的合闸过电压理论最大值为 2 倍系统电压，而实际上由于回路损耗、电晕损耗等，线路上产生的过电压都比 $2E_m$ 要低。

2. 自动重合闸

电力系统运行经验表明，架空线路绝大多数的故障都是"瞬时性"的，永久性的故障一般不到 10%。因此，在由继电保护动作切除短路故障后，电弧将自动熄灭，绝大多数情况下短路处的绝缘可以自动恢复。此时断路器将自动进行重合闸，提高了电力系统的可靠性。

断路器进行重合闸的间隔时间根据具体情况各有不同，若重合闸间隔时间较短，则线路上的电荷还没有完全泄漏，则会出现线路侧电压初始值不为零的情况下进行合闸。

在此考虑最不利的情况，即重合闸瞬间初始值 $= -E_m$，而系统电压即稳态值 $= E_m$，根据上文估算过电压的公式：

$$过电压幅值 = 稳态值 + (稳态值 - 初始值)$$
$$= E_m + [E_m - (-E_m)] = 3E_m$$

可见，对于自动重合闸空载线路，产生的合闸过电压理论最大值为 3 倍系统电压，而实际上由于回路损耗、电晕损耗等，线路上产生的过电压都比 $3E_m$ 要低。

由于初始条件的差别，重合闸过电压是合闸过电压中较严重的情况。

3. 影响因素

（1）合闸相位：根据上节分析，合闸相位能够决定合闸一瞬间系统的"稳态值"。"稳态值"与"初始值"差距越大，过电压就越大；差距越小，过电压就越小。在实际中，较常见的合闸通常是发生在电压最大值时，因此往往都会伴随过电压的存在。

（2）线路损耗：线路上的损耗主要来源于两个方面：一是线路存在阻抗；二是过电压较高时，线路会出现冲击电晕，消耗过电压能量。

（3）线路残余电荷的变化：在线路第一次跳闸到自动重合闸的过程中，由于线路的残余电压逐渐下降，即"初始值"逐渐变为零，将会有助于降低重合闸过电压的幅值。

4. 限制措施

（1）装设并联合闸电阻：并联合闸电阻接线与限制分闸过电压时相同，不同的是合闸时是先合 Q_2，此时电阻值越大，阻尼越大，过电压就越小；经过 8 ~ 15 ms 后再合 Q_1，此过程电阻越大，过电压也越大。因此，综合考虑两个阶段对电阻相互矛盾的要求，找到一个适中的电阻值，一般取值为 400 ~ 1 000 Ω 这个范围内，能够将合闸过电压降到最低。

（2）采用单相自动重合闸：一般情况下，三相自动重合闸，特别是不成功的三相重合闸，产生的过电压最严重。因此，为了降低重合闸过电压，超高压（330 kV）及以上系统多采用单相自动重合闸。

（3）同电位合闸：所谓同电位合闸，就是自动选择在断路器触头两端电位和极性相同的时候进行合闸操作，即保证了"初始值"与"稳态值"相等，能够降低甚至消除合闸过电压。

（4）利用避雷器保护：安装在线路首端和末端的金属氧化物避雷器可以很好限制此种过电压幅值。

三、切除空载变压器过电压

切除空载变压器也是电力系统中常见的一种操作，空载变压器在正常运行时表现为一励磁电感，因此切除空载变压器就是开断一个小容量电感负荷，这时会在变压器上和断路器上产生很高的过电压。可以预期的是，在开断电抗器、消弧线圈等电感元件时，也会引起类似的过电压。

1. 产生原因

产生这种过电压的基本原因是流过电感的电流在未达到自然零值之前就被断路器强行切断，从而迫使储存在电感中的磁场能量转化为电场能量而导致电压升高，这种现象也称为截流现象。试验表明，在切断 100 A 以上的交流电流时，开关触头间的电弧通常都是在工频电流自然过零时才能熄灭的，因此基本不存在磁场能量转化为电场能量而产生的过电压；但当被切断的电流较小时（如空载变压器励磁电流很小，一般为几安到十几安），电弧往往提前熄灭，此时工频电弧电流就会被强行切断，导致磁场能量转化为电场能量，从而带来过电压。

切除空载变压器过电压的发展过程中，断路器触头间会发生多次电弧重燃，不过与切除空载线路相反，此时电弧重燃将使电感中的储能越来越小，从而使过电压幅值变小。

2. 影响因素

（1）断路器性能：这种过电压的幅值近似与截流前瞬间电流大小 i_0 成正比，每种类型的断路器开断时的截流值有很大分散性，但其最大截流值 $i_{0(max)}$ 有一定限度，而且基本保持稳定，因而成为断路器一个重要指标。一般来说，灭弧能力越强的断路器，其切除空载变压器过电压也更大。

（2）变压器特性：首先是空载变压器的励磁电流 I_0 对过电压有一定影响。如果励磁电流 I_0 小于断路器最大截流值 $i_{0(max)}$，则过电压幅值将随 I_0 增大而增高。变压器励磁电流大小与变压器容量有关，也与变压器铁芯所用的导磁材料有关。

其次还与变压器的回路参数 $L_T C_T$ 有关，变压器的参数决定了其自身的特性阻抗 $Z_T = \sqrt{\dfrac{L_T}{C_T}}$，而该参数能直接决定过电压的大小。

3. 限制措施

（1）采用优秀铁磁材料变压器：优秀的铁磁材料可以使变压器空载电流 I_0 非常小，从而降低截流瞬间储存的磁场能量。

（2）增加对地电容：采用纠结式绕法的绕组或增加静电屏蔽等措施，可以增加其对地电容，使过电压有所降低。

（3）利用避雷器：安装在断路器的变压器侧的金属氧化物避雷器可以很好地限制此种过电压幅值。

四、电弧接地过电压

如果中性点不接地系统中发生单相接地故障时，经过故障点的电容电流较大时，接地点电弧将不能自动熄灭，而以断续出现的电弧形式存在，就会产生另一种严重的操作过电压：间歇性电弧接地过电压。

1. 发展基本过程

如图 2-19 所示等值电路图，A 相发生接地故障，设 u_A、u_B、u_C 为三相系统电源电压，$u_1\,u_2\,u_3$ 代表三相线路对地电压，即三相线路对地电容 $C_1\,C_2\,C_3$ 上的电压，其发展过程如图 2-20 所示。

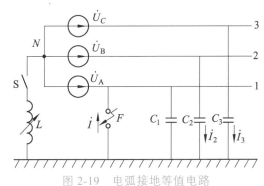

图 2-19　电弧接地等值电路

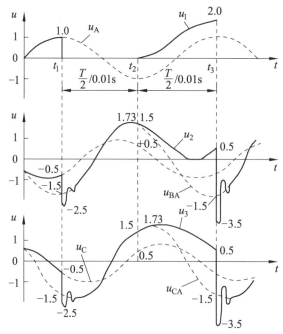

图 2-20　电弧接地过电压发展过程

　　故障点电弧发生后，电路中将有一电磁振荡过程，故障相电容 C_1 上电压由于接地短路通过电弧泄放入地，电压突然降为 0，随后电弧熄灭，C_1 重新进行充电，然后再次出现电弧重燃。而两个健全相电容 C_2、C_3 则会出现一个高频振荡的充电过程，使得非故障相对地电压在每一次燃弧瞬间产生高频过电压。在整个过程中，电弧会持续出现多次"燃弧—熄弧"过程，非故障性最大过电压倍数约为 3.5 p.u.，伴随高频振荡过程，故障相不会出现振荡过程，最大过电压倍数约为 2.0 p.u.。

　　此种过电压幅值并不高，通常电气设备能够承受，但是这种过电压会遍及整个系统，而且持续时间较长，对绝缘较弱的设备威胁较大，必须予以重视。

　　2. 影响因素

　　（1）大气条件：电弧的燃烧与熄灭会受到周围大气条件的影响，所以其具有较大的随机性，直接影响整个过电压的发展过程，使得过电压数值具有统计性。

　　（2）系统参数：系统参数中输电线路的相间电容和回路损耗对过电压有一定影响：由于存在相间电容，所以在电弧发生后，产生振荡过程前，会出现一个电荷重新分配的过程；回路损耗包括电源内阻抗、线路阻抗、电弧阻抗等，这些因素都能使高频振荡迅速衰减，从而使过电压降低。

　　3. 限制措施

　　（1）中性点直接接地：中性点直接接地系统发生单相短路时，短路电流很大，断路器将立即跳闸切除故障，一段时间后，自动重合闸，如重合成功，立即恢复送电，如重合不成功，将再次跳闸，不会出现断续电弧的现象。我国 110 kV 及以上电网采用中性点直接接地方式。

　　（2）中性点经消弧线圈接地：采用中性点直接接地方式虽然能解决电弧过电压问题，

但是由于每次故障都会引起断路器跳闸，降低了供电可靠性，所以对于 66 kV 及以下的线路来说，大多采用中性点非有效接地系统以提高供电可靠性。当中性点通过消弧线圈接地时，可以对电容电流 I_C 进行补偿，降低电流大小，使得电弧容易自动熄灭。

课后思考

1. 影响空载线路分闸过电压的影响因素有哪些？
2. 限制空载线路分闸过电压的措施有哪些？
3. 合闸过电压的限制措施有哪些？

任务 4 暂时过电压及限制措施

知识目标

能阐述各类工频电压升高对系统的危害；能阐述各类工频电压升高产生的原因。

素质目标

培养学生理论联系实际的能力，以及宏观辨识与微观探析的能力。

暂时过电压可分为谐振过电压和工频电压升高，它们产生的原因以及特征各不相同。

对于工频电压升高，其幅值一般不大，本身不会对绝缘构成威胁，但大量操作过电压是在其基础上发展的，所以仍需加以限制和降低。

对于谐振过电压，其主要是由于电网中存在的电容和电感，在系统出现参数变化时，可能形成各种不同的谐振回路，引起过电压。它的持续时间较长，现有的避雷器流通能力和热容量有限，无法有效限制这种过电压，只能采取一些辅助设施（如阻尼电阻和补偿设备）来加以抑制。所以在电力系统设计时，就应当考虑各种情况下操作方式、接线方式和运行方式，力求避免形成不利的谐振回路。而且一般在确定电力设备的绝缘水平时，要求各种绝缘均能可靠地耐受可能出现的谐振过电压作用。

一、工频电压升高

工频过电压升高幅值并不大，但在绝缘裕度较小的超高压输电系统中仍然受到很大的关注，这是因为：

（1）工频电压升高大多都在空载或轻载条件下发生，与多种操作过电压的发生条件相似，所以它们有可能同时出现，相互叠加，所以在设计高压电网时，应当考虑它们的联合作用。

（2）工频电压升高是决定某些过电压保护装置工作条件的重要依据，例如避雷器的灭弧电压就是按照中性点不接地系统的单相短路接地时，健全相工频电压升高来选定的，所以它直接影响到避雷器的保护特性选择和电气设备的绝缘水平设计。

（3）工频电压升高与操作过电压不同的是它不会随着时间而衰减，持续时间很长，对设备绝缘和运行条件有很大影响。例如可能导致油纸绝缘内部发生局部放电、绝缘子发生沿面闪络、导线出现电晕放电等。

1. 空载长导线容升效应

在线路不是特别长或精度要求不是很高时，为了计算方便，可以采用集中参数的电容、电感、电阻来表示输电线路，其等值电路和相量图如图 2-21 所示。

图 2-21（a）中电容 C 即为输电线路对地电容，电容上的压降 U_C 即视为输电线路末端对地电压。一般对于短距离空载导线而言，线路电容非常小，工频下容抗 X_C 远大于感抗 X_L 和阻抗 X_R，因此在串联分压回路中忽略感抗和阻抗分得的电压，此时导线首端和末端对地电压几乎相等；而对于较长距离的空载导线而言，相比短距离导线，容抗 X_C 降低，感抗 X_L 升高，虽然容抗依然大于感抗，但此时在感抗上产生的压降已不能忽略，因此造成线路在容抗 X_C 上产生电压会明显高于电源电动势 E，如图 2-21（b）所示。

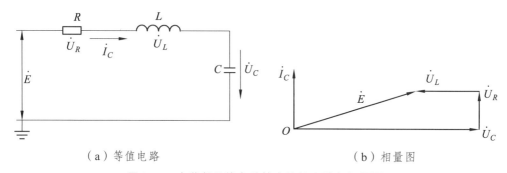

（a）等值电路　　　　　　　　　　（b）相量图

图 2-21　空载长导线容升效应等值电路与相量图

从图 2-21 可知，由于线路感抗 X_L 的存在，使得线路末端电压高于首端，并且离线路首端的距离越远，感抗越大，这种现象越严重。为了抑制这种现象，往往采用并联电抗器来补偿线路的电容电流，效果十分显著。

随着输电线路电压的提高，输电距离增大，在分析空载长导线容升效应时，就需要采用分布参数，结论与上文类似。

2. 不对称短路引起的工频电压升高

不对称短路是电力系统中常见的故障形式，系统发生单相短路或两相接地短路时，健全相或多或少都会出现电压升高的现象。对于不同的接地系统，过电压的程度也不一样。

（1）对于中性点不接地的 20 kV 及以下系统，在单相短路时，在健全相产生的过电压倍数接近线电压的 1.1 倍，因此，在采用氧化锌避雷器时，其持续运行电压按 1.1 倍线电压进行选择。

（2）对于中性点经消弧线圈接地的 35～60 kV 系统，在过补偿状态下运行时，当发生单相接地短路时，健全相产生过电压约等于线电压，因此在采用氧化锌避雷器时，其持续运行电压按线电压进行选择。

（3）对于中性点直接接地的 110 kV 及以上系统，发生单相短路时，一般来说健全相相电压不会超过线电压的 75%，因此在采用氧化锌避雷器时，其持续运行电压按相电压进行选择。

3. 发电机甩负荷引起的工频电压升高

当输电线路传输容量较大时，断路器因某种原因突然跳闸甩掉负荷，会在原动机与发电机内引起一系列机电暂态过程，这是造成工频电压升高的又一原因。

发电机突然失去部分或全部负荷时，一方面，由于励磁绕组的磁通遵循磁链守恒原则，会使得电源电动势 E_d 增大，等到自动调节器发挥作用时，才能逐步下降；另一方面，原动机调速器有一定机械惯性，输入原动机的功率不会随着甩负荷突然减小，使得发电机转速增加，频率增加，不但电动势 E_d 会增大，容升效应也会加剧，引起较大的电压升高。

最后，在考虑线路的工频电压升高时，如果同时考虑容升效应、单相接地、甩负荷三种情况，那么工频电压升高可以达到很高的数值。在实际运行中，220 kV 及以下电网一般不需要采取特殊的措施来限制工频电压升高，在 220 kV 以上的电网中，应采用并联电抗器或静止补偿装置等措施，将工频过电压限制到 1.3 ~ 1.4 倍相电压以下。

二、谐振过电压

电力系统包含大量的储能元件，即电容（如长导线、补偿电容器等）和电感元件（如发电机、变压器、互感器、消弧线圈等）。当系统出现扰动时，这些电容、电感元件便会形成不同的振荡回路，引起谐振过电压。所谓谐振，是指振荡回路的固有自振频率与外加电源的频率相等或接近时出现的一种周期性或准周期性的运行状态。其特征是某一个或几个谐波幅值急剧上升。谐振是一种稳态现象，可稳定存在，直到破坏谐振条件为止。

电力系统中的电容和电阻元件，一般可认为是线性参数，而电感元件则有线性的、非线性的及周期性变化的。根据振荡回路中所包含的电感元件的特性，可将谐振分为线性谐振、铁磁谐振、参数谐振三种类型。

1. 线性谐振

当回路中的电容、电感元件与电阻一样，均是线性元件，不随时间、电流、电压的变化而变化，例如输电线路的电感、变压器的漏感、消弧线圈等。当系统的交流电源角频率接近于回路的自振角频率时，即 $\omega \approx \dfrac{1}{\sqrt{LC}}$ 时，回路的容抗与感抗值接近，此时串联电路中的电容与电感上将出现远高于系统电压的谐振过电压。

限制这种过电压的方法是破坏回路谐振的条件或者是增加回路的损耗。在电力系统的设计和运行方式设计中，就应当避开谐振条件以消除线性谐振。

2. 铁磁谐振

当系统中的电感元件带有铁芯时，有可能会出现饱和现象，这时候的电感就不再是常数，它是随着电流或磁通变化而改变的，此时回路没有一定的自振频率，随着电感的变化，自振频率也在不停变化，在满足一定条件时，就会出现 $\omega \approx \dfrac{1}{\sqrt{LC}}$ 的情况，发生谐振。

在电网中已经有很多方法可以限制和消除铁磁谐振过电压：

（1）改善电磁式电压互感器的励磁特性，或采用电容式电压互感器。

（2）在电压互感器开口三角形处接入阻尼电阻，或在电压互感器一次绕组中性点对地接入电阻。

（3）改变 10 kV 配电线路的电容参数，增大对地电容（如采用电缆或加装电容器等），从参数上避开谐振条件。

（4）特殊情况下，可以将系统中性点经电阻临时接地，或投入消弧线圈，也可改变电网参数，从而消除谐振。

3. 参数谐振

系统中某些元件的电感会发生周期性变化，例如发电机转动时，其电感大小随转子的位置而发生周期性的变化，当发电机带有如空载导线之类的电容性负载，再加上不利的参数配合，就有可能引发参数谐振现象，此时，即使发电机的励磁电流很小，发电机的端电压和电流幅值也会急剧上升，这种现象称为参数谐振过电压或发电机的自励磁过电压。

因此，发电机在投入使用前，一定会进行自励磁的校核，避开谐振点，所以此过电压很少出现。除此之外，采用快速自动调节励磁装置，增大振荡回路的阻尼电阻等措施，也可以消除该过电压。

课后思考

1. 空载长导线容升效应是指什么？

2. 系统的工频电压升高并不明显，所以实际工程中可以忽略吗？为什么？

项目 3　电气设备绝缘试验

　　电力系统有着众多的电气设备，保证其安全可靠地运行是保证电网供电可靠性的基本要求。而电力设备在设计、制造过程中可能存在各种质量问题；在安装、运输过程中，也有可能由于碰撞等原因出现损坏，造成一些潜伏性的缺陷；在运行过程中由于电、化学、机械或其他因素的影响，其绝缘性能可能会出现劣化，甚至丧失绝缘性能，造成事故。

　　根据统计分析，电力系统中 60% 以上的停电事故是由设备绝缘缺陷引起的。而从设备绝缘出现质量问题、劣化、潜伏性缺陷开始，到由于此类问题而引发事故，往往有一定的发展期，在此期间，绝缘材料会发出各种物理、化学、电气信息，这些信息将反映绝缘状态的变化情况。

　　绝缘缺陷分为两大类：第一类称为集中性缺陷或局部性缺陷，这种缺陷通常只出现在绝缘的局部区域，而不会遍布整个绝缘，例如局部放电、局部受潮、局部老化、局部裂纹等；第二类为分布性缺陷或叫整体性缺陷，这类缺陷遍布整个绝缘电介质，例如绝缘整体受潮、老化、变质等。无论是哪一种缺陷，其存在必然会使绝缘的某一些特性发生变化，并且导致绝缘性能降低，电气试验人员通过各种试验手段，测量其表征绝缘性能有关的数据参数，查出绝缘缺陷并及时处理，可防患于未然。

　　如图 3-1 所示，电气试验也可以分为两类：第一类为绝缘试验，它是指对电气设备的绝缘性能进行的试验，绝缘试验又可分为两类：一类为非破坏性试验，是指在较低的电压下，用不损伤设备绝缘的办法来判断绝缘缺陷的试验；一类为破坏性试验（耐压试验），是指用较高的电压来考验绝缘水平，可能会对绝缘造成一定损伤。非破坏性试验和破坏性试验各有优缺点：非破坏性试验能检查出缺陷的性质和发展程度，但不能推断出绝缘的耐压水平。耐压试验（破坏性试验）能直接反映绝缘的耐压水平，但不能揭示绝缘内部缺陷的性质，因此两类试验缺一不可。应当指出的是，破坏性试验只有在所有非破坏性试验合格后，才能进行，避免对绝缘造成无辜的损伤甚至击穿。电气试验的第二类为特性试验，主要是针对电气设备的导电部分和机械部分进行功能性测试。

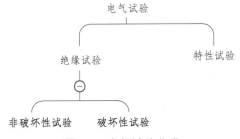

图 3-1　电气试验分类

对于电力系统中未投运的高压电气设备，我国规定，交接验收应当根据《电气装置安装工程 电气设备交接试验标准》(GB 50150—2016，后文简称 GB50150)的要求进行各种试验；而对于在运高压电气设备，国家电网公司通常采用《输变电设备状态检修试验规程》(Q/GDW1168—2013，后文简称 Q/GDW1168)，和《国家电网公司五项通用制度 变电检测管理规定 829—2017》及其 67 部分册(后文简称五项通用制度)对设备进行状态检测。

不同的试验方法，不同的试验仪器各有所长，各有局限，试验人员应当对试验结果进行全面综合分析：① 将试验结果与上述两种标准中给出的参考值进行比较，判断是否存在薄弱环节；② 与该产品出厂试验数据以及历次试验数据进行纵向比较，分析其变化规律和趋势；③ 与同类或不同相的设备进行横向比较，寻找异常。

电力变压器是发电厂、变电站和用电单位的最主要的电力设备之一。随着电力系统的发展，电力变压器数量越来越多，用途越来越广泛，对其工作可靠性要求也越来越高，所以对电力变压器进行电气试验，及时发现绝缘缺陷是保证其安全可靠运行的重要措施。本项目主要介绍油浸式电力变压器、避雷器等设备的部分绝缘试验，包括绝缘电阻和吸收比、泄漏电流、介质损失角正切值、交流耐压试验等。

任务 1 绝缘电阻测试

知识目标

能准确描述绝缘电阻、吸收比的概念；能分析直流电压作用下电介质电流与时间的关系；能阐述绝缘电阻、吸收比测试原理；能复述手摇式绝缘电阻表原理；知道试验的目的和意义。

技能目标

正确指出试验的危险点及预控措施；熟练使用试验所需仪器仪表和工具；正确安全进行试验接线；能在监护人监护下按现场工作标准化流程完成试验工作；能依据相关试验标准对试验结果进行分析和判断，完成试验报告。

素质目标

培养学生理论联系实际的能力以及动手操作的能力；培养学生遵章守纪，标准化操作的职业工作习惯以及良好的安全意识；培养学生劳动光荣，技能宝贵的生产意识；

一、试验原理

（一）绝缘电阻、吸收比和极化指数测试原理

电气设备中的绝缘材料并非完全不导电的物质，在直流电压作用下，有微弱的电流流过。根据绝缘材料的性质、构成、结构的不同，此电流可视为由三部分电流构成，如图 3-2、3-3 所示。

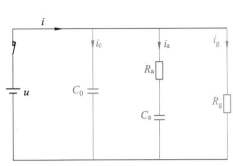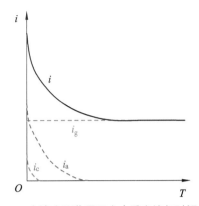

图 3-2　直流电压作用下电介质等值电路　　图 3-3　直流电压作用下电介质电流与时间的关系

　　电介质两端施加较低的直流电压（不使电介质产生游离）后，电介质会产生极化和电导现象，其中极化可以分为没有能量损耗的无损极化（电子式、离子式极化）过程和有能量损耗的有损极化（偶极子、空间电荷）过程，其中无损极化由于速度非常快，所以其等值电容充电时间非常短，在极短时间内便降为零；而有损极化的极化速度较慢，所以其等值电容充电时间也较长，不过由于电容"隔直通交"的特征，极化电流最终也会降为零；电导电流是自由带电粒子的定向移动，与时间参数无关，所以电流大小呈一条直线，不随时间变化。

　　其等值电路如图 3-3，无损极化在等效电路中产生电容电流 i_c，有损极化在等值电路中产生吸收电流 i_a，电导电流在等效电路中产生电导电流或泄漏电流 i_g。三种电路成并联状态，叠加之后便得到总电流 i。

　　从电流曲线可以看出，电容电流 i_c 和吸收电流 i_a 在一段时间后趋近于零，因此总电流 i 最终会趋近于泄漏电流 i_g。因此加压 60 s 时，通常认为电流趋于稳定，即 i_c 与 i_a 均趋于零，电压与总电流的比值实际上就是电压与泄漏电流 i_g 的比值：

$$R = \frac{U}{i_g} \tag{3-1}$$

　　由于 i_g 的大小取决于绝缘材料的状况，当介质出现受潮、老化、表面脏污等整体缺陷或者有其他严重的集中性缺陷时，i_g 会增加，因此绝缘电阻 R 会降低。因此，测量绝缘电阻是初步了解电气设备绝缘状态的最简便的常用手段。

　　由于固体绝缘的电导电流分为体积电导和表面电导两种，而实际运行过程中，固体绝缘往往表面电导大于体积电导，因此在测量固体电介质的绝缘电阻时，要将表面擦拭干净，必要时还应当装设屏蔽线，以便测得真实的体积绝缘电阻值。

　　对于电容量较大的设备，如大型变压器、电缆等，除了测量 60 s 绝缘电阻值之外，还应当测量其吸收比 K，即 60 s 时的绝缘电阻值与 15 s 时的绝缘电阻值的比值：

$$K = \frac{R_{60s}}{R_{15s}} = \frac{i_{15s}}{i_{60s}} \approx \frac{(i_c + i_a + i_g)_{15s}}{i_g} = 1 + \frac{(i_c + i_a)_{15s}}{i_g} \tag{3-2}$$

　　无损极化带来的电容电流 i_c 时间极短，在 15 s 时基本为零。绝缘良好时，变压器大多是非极性电介质（变压器油），泄漏电流 i_g 很小，偶极子极化少，吸收电流 i_a 基本由空间电荷极化电流构成，极化过程较长，15 s 时 i_a 仍然较大，能达到泄漏电流的 30%以上，所以绝缘良好时吸收比 $K \geqslant 1.3$。

当绝缘受潮时，水分子会导致变压器泄漏电流 i_g 增大，$i_{a(15s)}$ 相应的占比将更小，吸收比 K 会降低，因此当 $K < 1.3$，便可以认为绝缘受潮，若 $K = 1$ 时，可认为绝缘严重受潮。

此方法对判断 110 kV 及以下变压器是有效的，但是随着电压等级的提高，变压器的容量也越来越大，用吸收比来判断大容量变压器的受潮情况会出现很多误判断。产生这一现象的主要原因是大容量变压器的空间电荷极化所需时间更长，吸收电流 i_a 衰减慢，60 s 时，吸收电流还未衰减至接近零，因此吸收比 K 反映不了绝缘整体的吸收现象，如图 3-4 所示。

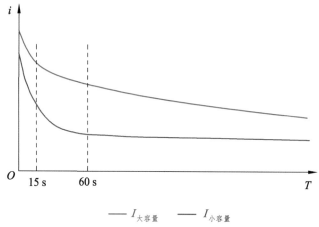

图 3-4 大容量设备与小容量设备吸收电流曲线

从图中可知，在 60 s 时，大容量设备吸收电流还较大，需要更长时间的衰减，才能降为零，因此解决这种吸收比误判现象的方法为采用极化指数：10 min 的绝缘电阻值与 1 min 的绝缘电阻值之比，即：

$$P = \frac{R_{10\min}}{R_{1\min}} = \frac{i_{1\min}}{i_{10\min}} \approx \frac{(i_c + i_a + i_g)_{1\min}}{i_g} = 1 + \frac{(i_c + i_a)_{1\min}}{i_g} \qquad （3-3）$$

根据规程要求，电力变压器极化指数 P 应当不低于 1.5。

（二）绝缘电阻表基本原理

绝缘电阻表是测量绝缘电阻的专用仪表，又称为兆欧表或摇表。常见的绝缘电阻表根据其电压等级可分为 500 V、1 000 V、2 500 V、5 000 V 等几种。从使用形式上可分为手摇式和电子式。对于高压电气设备绝缘试验，常用的绝缘电阻表是 1 000 V、2 500 V、5 000 V。

手摇式绝缘电阻表接线图如图 3-5 所示。

从绝缘电阻表外观可知，它有三个接线端子，分别是正极性高压端子 E、负极性高压端子 L 和屏蔽端子 G。

L_1、L_2 分别为绝缘电阻表的电流绕组和电压绕组，它们固定在同一转轴上，并且可以带动指针旋转，由于没有弹簧游丝，所以在两个绕组中均没有电流时，指针可以指向任意偏转角 α 的位置。

（a）实物图

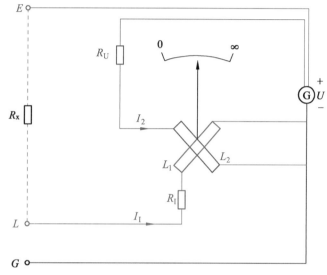

（b）原理接线图

图 3-5　手摇式绝缘电阻表

R_U 为电压回路分压电阻，R_I 为电流回路限流电阻，R_X 为被试设备绝缘电阻。当绝缘电阻表开路时（ $R_X=\infty$ ），仅有电压回路（蓝色回路）有电流流过，线圈 L_2 产生转动力矩，带动指针转动至 "∞"；当绝缘电阻表短路时（ $R_X=0$ ），电流回路（红色回路）电流会非常大，线圈 L_1 所产生力矩远大于 L_2 产生力矩，因此会带动指针转动至 "0"；当测量某一被试设备的绝缘电阻时，L_1、L_2 线圈中均有电流流过，指针偏转角度 α 直接取决于 I_1 与 I_2 的比值，最终可计算得出 $\alpha=f(R_X)$，即指针偏转角度 α 为被试设备绝缘电阻值 R_X 的函数。

应当注意的是，此函数是非线性函数，所以表盘刻度也非线性，电阻较小时，刻度较为稀疏，电阻较大时，刻度较为密集。并且不同的绝缘电阻表负载特性不同，为了便于比较，对同类设备应尽量采用同一型号的绝缘电阻表。

实操　10 kV 配电变压器绝缘电阻和吸收比测试

实操 1 35 kV 电流互感器绝缘电阻测试

（一）工作任务

对 35 kV 电流互感器进行绝缘电阻的测量，掌握试验危险点及预控措施、试验方法、试验步骤、结果分析，理解试验原理，并且能正确完成试验项目的接线、操作及测量。

（二）引用标准

（1）《国家电网公司电力安全工作规程》（变电部分）。

（2）《电气装置安装工程 电气设备交接试验标准》（GB 50150—2016）。

（3）《国家电网公司五项通用制度 变电检测管理规定 829—2017》第 23 分册。

（4）《输变电设备状态检修试验规程》（Q/GDW1168—2013）。

（5）《现场绝缘试验实施导则 第 1 部分：绝缘电阻、吸收比和极化指数试验》（DL/T 474.1—2006）。

（三）试验条件

1. 环境要求

除非另有规定，该试验均在以下大气条件下进行，且试验期间，大气环境条件应相对稳定。

（1）环境温度不宜低于 5 ℃；

（2）环境相对湿度不宜大于 80%；

（3）现场区域满足试验安全距离要求。

2. 被试设备要求

（1）设备处于检修状态。

（2）设备外观清洁、干燥、无异常，必要时可对被试设备表面进行清洁或干燥处理，以消除表面的影响。

（3）设备上无其他外部作业。

3. 人员要求

试验人员需具备如下基本知识与能力：

（1）了解 35 kV 互感器相关绝缘材料、绝缘结构的性能、用途。

（2）了解 35 kV 互感器的型式、用途、结构及原理。

（4）熟悉本试验所用仪器、仪表的原理、结构、用途及使用方法。

（5）熟悉各种影响试验结果的因素及消除方法。

（6）经过《国家电网公司电力安全工作规程》培训，且考试合格。

4. 基本安全要求

（1）应严格执行国家电网公司《电力安全工作规程（变电部分）》的相关要求；

（2）高压试验工作不得少于两人。试验负责人应由有经验的人员担任，开始试验前，试验负责人应向全体试验人员详细布置试验中的安全注意事项，交待邻近间隔的带电部位、危险点以及其他安全注意事项；

（3）应确保操作人员及试验仪器与电力设备的高压部分保持足够的安全距离，且操作人员应使用绝缘垫；

（4）试验装置的金属外壳应可靠接地，高压引线应尽量缩短，并采用专用的高压试验线，必要时用绝缘物支挂牢固；

（5）变更接线或试验结束时，应首先断开至被试设备高压端的连线后，断开试验电源，并将升压设备的高压部分以及被试设备充分放电，并短路接地。

（四）试验准备

1. 危险点及预控措施

表 3-1　35 kV 电流互感器绝缘电阻测量危险点及预控措施

危险点	描述	预控措施
高压触电	被试设备接地前视为带 35 kV 电压	1. 用围栏将被试设备与相邻带电设备（间隔）隔离，并且向外悬挂"止步，高压危险"标示牌，在通道处设置唯一出入口，悬挂"从此进出"标示牌； 2. 工作时至少需要两人：一人监护，一人操作，听工作负责人指挥； 3. 拆、接试验接线时，应将被试设备对地充分放电，以防止剩余电荷或感应电压伤人以及影响测量结果； 4. 测试前，与检修负责人协调，不允许有交叉作业，试验接线应正确牢固，试验人员应精力集中，试验人员之间应分工明确，配合默契，测量过程中要大声呼唱
	未正确使用绝缘电阻表	绝缘电阻表在自检或测量时，接线柱两端有高压输出，应注意安全，防止电击伤人。绝缘电阻表若需要外接电源搭接试验电源，需要两人操作，一人监护，一人操作，听工作负责人指挥
设备损坏	未按照要求操作绝缘电阻表，野蛮操作，或者操作绝缘电阻表顺序错误，均可能会对设备和绝缘电阻表造成不同程度的损坏	禁止野蛮操作，操作过程中，必须按照正确操作顺序使用绝缘电阻表，若出现严重违反安规的现象，应当立即制止。工作时，至少需要两人：一人监护，一人操作，听工作负责人指挥

2. 工器具及材料清单

表 3-2　电流互感器绝缘电阻测量工器具及材料清单

名称	规格型号	数量	备注
接地线		若干	
绝缘垫		1 张	
温湿度计		1 只	
验电器	35 kV	1 只	
测试线		若干	
裸铜线		若干	
绝缘手套	高压	1 双	
放电棒	35 kV	1 套	
绝缘电阻表	2 500 V/2 500 MΩ	1 台	

3. 试验人员分工

表 3-3　电流互感器绝缘电阻测量人员分工表

序号	工作岗位	数量	职责
1	工作负责人	1	开班前会，交代工作内容、安全措施、进行危险点分析，抄写铭牌参数，指挥操作人和接线人进行测试
2	操作人	1	检查工器具，对绝缘电阻表进行开、短路试验，对被试品进行放电，使用绝缘电阻表进行绝缘电阻的测量
3	接线人	1	接线并更改试验接线

（五）试验方法

1. 试验接线

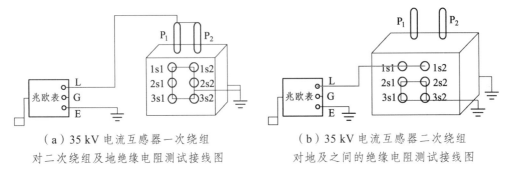

（a）35 kV 电流互感器一次绕组　　　　（b）35 kV 电流互感器二次绕组
对二次绕组及地绝缘电阻测试接线图　　　　对地及之间的绝缘电阻测试接线图

图 3-6　试验接线

一次绕组对二次绕组及地绝缘电阻测试时，E 端接外壳、互感器二次绕组短接并接地，互感器一次绕组短接接至 L 端，如图 3-6（a）所示。

二次绕组对地及之间的绝缘电阻测试时，E 端接外壳、互感器二次非测量绕组短接并接地，互感器二次测量绕组短接接至 L 端，互感器一次绕组开路，如图 3-6（b）所示。

2. 试验注意事项

（1）使用前应对绝缘电阻表本身进行检查，选择合适电压等级的绝缘电阻表。

（2）测试的外部条件应与前次条件相同。

（3）绕组绝缘电阻测量宜在顶层油温低于 50 ℃ 时进行测量，并记录顶层油温。

（4）应将被试绕组自身的端子短接，非被试绕组亦应短接并与外壳连接后接地。

（5）测试前对地充分放电，并拆除被试设备电源及一切外部连线。

（6）若因湿度等原因造成外绝缘对测量结果影响较大时，应尽量在相对湿度较小的时段（如午后）进行测量。在空气相对湿度较大的时候，应在被试设备上装设屏蔽环接到绝缘电阻表上的屏蔽端子，以减少外绝缘表面泄漏电流的影响。

（7）当第一次试验后需要进行第二次复测时，必须充分放电，以保证测量数据准确，减少残余电荷的影响。

（8）绝缘电阻表的 L 和 E 端子不能对调，测试线不要与地线缠绕，不能铰接或拖地，尽量悬空。

3. 试验基本步骤

（1）开工前准备。

① 确认工作地点。

② 检查并补齐现场安全措施。

③ 办理工作许可手续。

④ 召开班前会，交代安全措施、危险点及注意事项。

⑤ 检查、清点工具、材料。

图 3-7　检查工器具（绝缘手套）

⑥ 查阅设备出厂试验记录。

（2）检查被试设备外观良好，正确放置温/湿度计。将被试设备断电，验明确无电压后充分放电并有效接地，如图 3-8 所示，并抄录现场温湿度及设备铭牌信息。

图 3-8　验电、放电

（3）检查绝缘电阻表开路、短路试验正常，如图 3-9 所示，并选择被试设备相应的测量电压挡位。

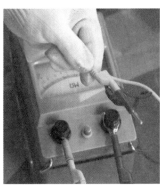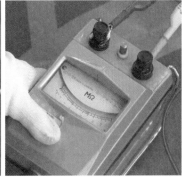

（a）短路试验

096

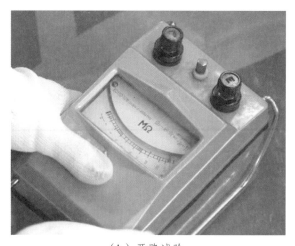

（b）开路试验

图 3-9　兆欧表开路、短路试验

（4）按不同的测试项目要求进行接线，注意被试品绝缘表面应当保持干净，如图 3-10 所示，由绝缘电阻表到被试设备的连线应尽量短。

图 3-10　擦拭绝缘表面

（5）经检查确认无误，绝缘电阻表到达额定输出电压后，搭接高压测试线，待读数稳定时，读取绝缘电阻值，并记录，如图 3-11、3-12 所示。

图 3-11　开始测试

（6）读取绝缘电阻值后，如使用仪表为手摇式兆欧表，应先断开接至被试设备高压端的连接线，然后将绝缘电阻表停止运转；如使用仪表为全自动式兆欧表，应等待仪表自动完成所有工作流程后，然后将绝缘电阻表停止工作。

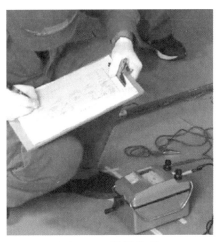

图 3-12　记录数据

（7）测量结束时，被试设备还应对地进行充分放电，对电容量较大的被试设备，应先经过电阻放电再直接放电，其放电时间应不少于 5 min。

（六）相关规程要求

1.《电气装置安装工程电气设备交接试验标准》（GB 50150—2016）

（1）应测一次绕组对二次绕组及外壳、各二次绕组间及其对外壳的绝缘电阻；绝缘电阻值不宜低于 1 000 MΩ。

（2）测量电流互感器一次绕组段间绝缘电阻，阻值不宜低于 1 000 MΩ，由于结构原因无法测量时可不测量。

（3）测量电容型电流互感器的末屏及电压互感器接地端（N）对外壳（地）的绝缘电阻，绝缘电阻值不宜低于 1 000 MΩ。当电阻值小于 1 000 MΩ时，应测量其 $\tan\delta$，其值不应大于 2%。

（4）测量绝缘电阻应使用 2 500 V 兆欧表。

2. 国家电网公司五项通用制度

表 3-4　绝缘电阻参考值

		一次绕组：
电流互感器	绕组及末屏的绝缘电阻	35 kV 及以上：>3 000 MΩ或与上次测量值相比无显著变化。
		末屏对地（电容型）：>1 000 MΩ（注意值）
电磁式电压互感器	绕组绝缘电阻	一次绕组：绝缘电阻初值差不超过 −50%
		二次绕组：≥10 MΩ（注意值）
		同等或相近测量条件下，绝缘电阻应无显著降低（注意值）

电容式电压互感器	电容器极间绝缘电阻	≥10 000 MΩ（1 000 kV）（注意值） ≥5 000 MΩ（其他）（注意值）
	低压端对地绝缘电阻	不低于 100 MΩ
	二次绕组绝缘电阻	≥1 000 MΩ（1 000 kV） ≥10 MΩ（其他）（注意值）
	中间变压器的绝缘电阻	一次绕组对二次绕组及地应大于 1 000 MΩ
		二次绕组之间及对地应大于 10 MΩ
		≥100 MΩ

（七）试验数据分析、处理及试验意义

1. 试验结果影响因素

（1）所测的绝缘电阻应充分考虑温度、湿度等因素的影响，要与出厂值、交接试验值、历次试验值相比较，必要时，与同类型设备、同组设备进行相互比较，测试数据不应有明显的降低或较大差异。当有较大差异时，应结合规程标准及其他试验结果进行综合分析判断。

（2）测量的高压线宜使用高压屏蔽线。若无高压屏蔽线，测试线不要与地线缠绕，并应尽量悬空。必要时可用绝缘棒作支撑，以免因绞线绝缘不良而引起误差。

（3）测量电容型电流互感器末屏绝缘电阻时，由于末屏小套管脏污、受潮、破裂或支持小套管及二次端子的绝缘板脏污、受潮，会影响绝缘电阻值，可擦拭干净或用电吹风吹干来消除影响。

（4）测量应在天气良好的情况下进行，空气相对湿度不高于80%，环境温度不低于 + 5 ℃。若遇天气潮湿、互感器表面脏污，则需要进行"屏蔽"测量，可在电流互感器瓷套管上部表面用软铜线缠绕几圈，做成一个"屏蔽环"，接至兆欧表的屏蔽端（"G"端），注意"屏蔽环"要与外绝缘紧密接触，以消除表面泄漏的影响。

（5）测量电容型电流互感器末屏绝缘电阻时，如果绝缘电阻很高，与出厂值、交接试验值、历次试验值相比较有明显偏高差异，应采用先断开兆欧表高压"L"与末屏的连接，用地线对末屏直接观察有无放电现象的方法。在测量的初始阶段若互感器末屏没有充电现象，绝缘电阻起始值很高且随时间无变化，对末屏放电时无"火花"或"放电声"，测量过程中兆欧表指针摆动（或数值忽大忽小现象），要注意观察末屏端子有无整体松动、渗油现象，应引起注意，可能是末屏引线发生断裂，需用其他试验方法来进行综合判断。

（6）测量电容型电流互感器末屏绝缘电阻时，如果绝缘电阻很低，与出厂值、交接试验值、历次试验值相比较有明显偏低差异，应采用先断开兆欧表高压"L"与末屏的连接，在对末屏放电的方法进行判断。若互感器末屏没有充电现象，绝缘电阻起始值很低且随时间无变化，对末屏放电时无"火花"或"放电声"现象，应引起注意，可能是电流互感器受潮。

（7）电容型电流互感器在拆解末屏接地时，应解开末屏"接地端"，不要解开"末屏端"，以免造成小套管螺杆松动渗漏油、内部末屏连接松动或末屏芯线断裂。因套管带电测试末屏带有引线时，要排除因引线绝缘不良造成测量数值偏低的影响。

2. 试验报告模板

表 3-5 电流互感器绝缘电阻试验报告

一、基本信息

变电站		委托单位		试验单位		运行编号	
试验性质		试验日期		试验人员		试验地点	
报告日期		编制人		审核人		批准人	
试验天气		环境温度 /°C		环境相对 湿度/%			

二、设备铭牌

相别	A	B	C
生产厂家			
出厂日期			
出厂编号			
设备型号			
额定电压（kV）			
额定电流（A）			
铭牌电容量（pF）			

三、试验数据

绝缘电阻	A		B		C		单项结论
	测量值（MΩ）	初值差(%)	测量值（MΩ）	初值差（%）	测量值（MΩ）	初值差（%）	
主绝缘							
末屏绝缘							
1K 绕组							
2K 绕组							
3K 绕组							
4K 绕组							
5K 绕组							
6K 绕组							
7K 绕组							
8K 绕组							
仪器型号							
结论							
备注							

（八）工作流程

表 3-6　35 kV 电流互感器绝缘电阻的测试流程表

试验名称	35 kV 电流互感器绝缘电阻的测试
任务描述	自设现场安全措施，正确选择、使用试验仪器、仪表，安全进行电流互感器绝缘电阻试验，试验结束清理现场，对测试结果分析、判断，得出准确的结论并完成试验报告
考核要点及其要求	1. 自设现场安全措施，测试 35 kV 电流互感器绝缘电阻，正确选择仪器仪表及工器具测量绝缘电阻，得出准确的结论并完成试验报告 2. 若试验中严重违反操作规程，立即停止操作，考试提前结束
设备、工具和材料	1. 被试品：35 kV 电流互感器一台 2. 安全围栏已设 3. 试验器材：绝缘电阻表一台、接地线、电工工具和试验用接线及接线钩叉、鳄鱼夹等、绝缘胶带、安全工器具、温湿度计、"在此工作""止步，高压危险""从此进出"标示牌、围栏 4. 考生自备工作服，绝缘鞋，安全帽，常用电工工具，笔，函数计算器等
危险点和安全措施	1. 用围栏将被测设备与相邻设备隔开，并向外悬挂"止步，高压危险"标示牌，在围栏入口处悬挂"从此进出"标示牌，在被测设备处悬挂"在此工作"标示牌 2. 防止触电伤人，试验前后应对被试品充分放电并接地 3. 防止测量时伤及工作人员和试验人员，工作人员和试验人员应与高压部分保持足够安全距离，加压前要大声呼唱
考核时限	30 min

		工作流程
序号	作业名称	35 kV 电流互感器绝缘电阻的测试
1	着装	正确佩戴安全帽，着棉质工作服，穿绝缘鞋
2	现场安全措施	按现场标准化作业进行设置、检查安全措施
3	仪器、仪表、工器具	1. 正确选用仪器、仪表是否适合测量要求 2. 检查使用仪器、仪表是否在使用有效期内 3. 检查绝缘电阻表短路状态（"0"）、开路状态（"∞"）、驱动部分和测试线是否正常 4. 温湿度计摆放 5. 选用合适的工具
4	放电、接地	1. 接测试线前必须对试品充分放电 2. 将被试设备外壳可靠接地
5	测量电流互感器一次绕组的绝缘电阻	1. 对电流互感器进行清洁，将一次绕组 P1、P2 短接 2. 电流互感器的所有二次绕组及外壳短路接地 3. 启动绝缘电阻表，将测试线搭上电压互感器一次绕组，测量时间大于 60 s，或稳定后正确读数 4. 停止加压，待绝缘电阻表内部放电回路对被试品放电完毕后，取下测试线 5. 将电流互感器一次绕组进行充分放电后再变更接线 6. 试验时注意监护并大声呼唱

续表

序号	作业名称	35 kV 电流互感器绝缘电阻的测试
4	测量电流互感器二次绕组的绝缘电阻	1. 将互感器被测二次绕组短路，非测量二次绕组短路接地，一次绕组开路 2. 启动绝缘电阻表，将测试线搭上所测二次绕组，测量时间≮60 s，或稳定后正确读数 3. 停止加压，待绝缘电阻表内部放电回路对被试品放电完毕后，取下测试线 4. 将专用接地线搭在所测二次绕组上进行充分放电后再变更接线 5. 加压前注意监护并大声呼唱 6. 对其他二次绕组按 1~5 进行操作
5	试验结束	1. 拆除试验接线，恢复被试品初始状态 2. 清理试验现场 3. 试验人员、设备撤离现场，结束工作手续
6	试验报告	1. 被试设备铭牌参数 2. 试验日期、试验人员、试验地点、温度、湿度 3. 试验数据、试验标准、试验结论
	备注	

实操　110 kV 变压器套管的绝缘电阻测试

实操　10 kV 真空断路器断口的绝缘电阻测试

实操　10 kV 电力电缆的主绝缘电阻测试

实操　35 kV 氧化锌避雷器的绝缘电阻测试

任务 2　泄漏电流的测试（直流高电压试验）

知识目标

能说出泄漏电流测试和绝缘电阻测试联系与区别；清楚直流高压的获得方法；知道直流高压的测量方法；能说出避雷器直流试验与变压器直流试验的区别；能准确阐述试验目的和意义。

正确指出试验的危险点及预控措施；熟练使用试验所需仪器仪表和工具；正确安全进行试验接线；能在监护人监护下按现场工作标准化流程完成试验工作；能依据相关试验标准对试验结果进行分析和判断，完成试验报告。

培养学生理论联系实际的能力以及动手操作的能力；培养学生遵章守纪，标准化操作的职业工作习惯以及良好的安全意识；培养学生劳动光荣，技能宝贵的生产意识。

一、变压器直流试验原理

（一）泄漏电流测试原理

电气设备绝缘的泄漏电流测试也叫作直流高压试验,与直流耐压试验的接线相同,通常同步进行，其原理与绝缘电阻测试基本相同,不同之处在于以下几点：

（1）泄漏电流测试可以根据被试设备电压等级的不同,施以相应的直流试验电压,这个电压比绝缘电阻试验要高得多。因此,直流泄漏电流能够发现一些绝缘电阻测试无法发现的缺陷（如绝缘裂纹、局部损伤、绝缘劣化、绝缘沿面碳化等）。

（2）泄漏电流测试使用微安级电流表检测泄漏电流,而绝缘电阻测试使用电磁线圈的机械偏转来得出其电阻,因此泄漏电流测试的灵敏度高,精确性高,可以多次试验比较结果。

（3）根据泄漏电流测试的测量值可换算出绝缘电阻值,而绝缘电阻测试所得测量值一般不能换算为泄漏电流值。

（4）泄漏电流测试中可作出试验电流与加压时间的关系曲线,相比吸收比、极化指数,能够更直观地反映绝缘的吸收过程,也能够反映其受潮程度。

（5）泄漏电流测试中可作出泄漏电流随试验电压的变化曲线,从而反映出其绝缘的缺陷类型,如图 3-13 所示为一发电机典型泄漏电流随电压变化的曲线。

根据相关规程要求,泄漏电流测试中,泄漏电流与外加电压应当是线性关系,当内部出现集中性缺陷时,就可通过其线性度来发现,如图中蓝色曲线,当电压增大到一定程度时,泄漏电流陡增,电流电压失去线性关系,表明内部有集中性缺陷出现了击穿。同时,该曲线的斜率表明了绝缘的电导,可从斜率大小计算其绝缘电阻大小。

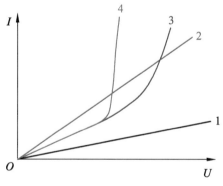

—— 绝缘受潮 　—— 集中性缺陷
—— 绝缘正常 　—— 绝缘中有危险的集中性缺陷

图 3-13　发电机泄漏电流随电压变化曲线

（二）直流高压的获得

1. 半波整流电路

半波整流电路一般用于泄漏电流测试、直流耐压试验,如图 3-14 所示。

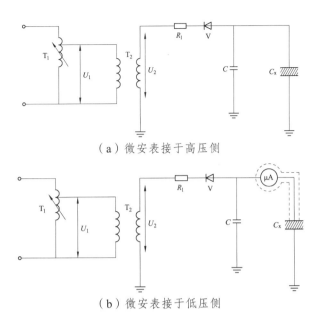

（a）微安表接于高压侧

（b）微安表接于低压侧

图 3-14　半波整流电路测量泄漏电流

（1）交流电源：这部分由调压器 T_1 和升压变压器 T_2 和相关保护装置构成。升压变压器一次电压 U_1 的调节范围为试验接入的低压电源（220 V 或 380 V），最终输出的直流高压理论值约为 $\sqrt{2}KU_1$，其中 K 为升压变压器变比。

（2）整流部分：这部分包括高压硅堆 V 和滤波电容器 C，作用是整流滤波，获得直流波形。

（3）保护电阻 R_1：其作用是当被试设备出现击穿时，能够限制短路电流，保护变压器、硅堆以及微安表等试验设备。

（4）微安表：其主要作用是测量泄漏电流，测量时根据微安表的位置不同，常有两种接线方式：

① 微安表接在被试设备的高压端，如图 3-14（a）所示，这种接线的优点是由于微安表距离被试设备很近，几乎没有导线对地的杂散电流，泄漏电流测量准确，接线简单，缺点是微安表处于高电位，必须要有良好的绝缘屏蔽，并且微安表距离测试人员较远，测试时不能靠近，所以读数和切换量程不方便。此外，有一些微安表表头在高电场下容易极化，造成较大测量误差，因此只有当被试设备末端接地无法断开时，才采用这种接线方法。

② 微安表接在被试设备的低压端，如图 3-14（b）所示，当被试设备末端接地能与地断开时，可采用这种接线方法。这种接线测量准确，并且微安表处于低电位，读数安全，切换量程也方便，屏蔽容易，推荐尽可能采用这种接线。

采用半波整流电路时，被试设备上获得的直流电压如图 3-15 所示。

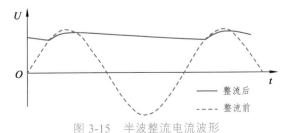

图 3-15　半波整流电流波形

2. 倍压整流电路

如果需要较高的直流电压时，就需要采用倍压整流电路，如图 3-16 所示。

当电源电压为负半波时，硅堆 V_1 导通，对 C_1 进行充电，使 C_1 两端电压达到 U_{max}；电源电压为正半波时，硅堆 V_2 导通，变压器电压与 C_1 电压叠加，经硅堆 V_2 对 C_2 进行充电，数个周波后，C_2 两端电压 U_2 能达到 $2U_{max}$，即为变压器输出电压峰值的 2 倍。

若将此电路叠加，还可得到串接式整流装置，能得到更高的直流电压。

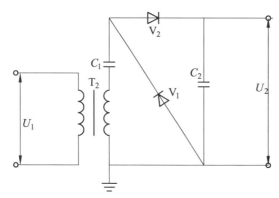

图 3-16 倍压整流电路原理接线图

（三）直流高压的测量

不同于绝缘电阻测试，泄漏电流测试中，试验电压的准确性对试验结果影响很大，所以对直流高压的测量是非常重要的一步。直流高压的测量方法一般有以下几种：

1. 在试验变压器低压侧测量

半波整流电路中，通过试验变压器变比以及测量低压侧电压，可以近似算出直流侧电压值：$U_{DC} = \sqrt{2}KU_1$，其中 K 为升压变压器变比，U_1 为低压侧电压，U_{DC} 为施加在被试设备上的直流电压。

这种测量方法忽略了很多影响因素，如保护电阻压降、杂散电流、泄漏电流等，因此测量误差很大。

2. 高压静电电压表

静电电压表的原理是对两个特质的电极上加电压 U，电极会受到静电力 F 的作用，而且 F 与 U 的数值有固定关系，设法通过测量静电力 F 带来的极板移动，便能精确得出其受力大小，从而得出所加电压 U 的大小。

当它用于测量交流电压时，测得的是有效值；当它用于测量整流后的直流电压时，测得电压近似等于整流电压的平均值；静电电压表不能用于测量冲击电压。

它的缺点是由于无屏蔽密封措施，受外界天气影响较大，一般仅在室内使用；优点是其内阻特别

图 3-17 高压静电电压表

大，在接入电路后对被试设备试验几乎没有影响，其次是它的测量范围特别广，空气中工作的静电电压表量程最高可达到 250 kV，SF_6 气体中工作的静电电压表量程最高可达到 600 kV。

3. 球隙测量

球隙测量高压的原理是在一定的大气条件下，一定直径的铜球，其放电电压取决于球隙距离，因此可以通过调节球隙距离，当出现放电的瞬间，便可得出放电电压峰值。由于只有球隙放电时，才能测出其电压，所以每次放电必然伴随跳闸，可能会引起一定程度的操作过电压，产生振荡。该方法的优点是装置结构简单，除了用于测量，还可兼做空气间隙保护试验设备，但是准确性不高，容易受外界气流、尘土等影响，使得放电分散性大，测量费时间，所以不宜在工作现场使用。

4. 电阻分压器测量

如图 3-18 所示，用一高压大电阻 R_1 串联一低压小电阻 R_2，测量 R_2 上电压 U_2，可根据分压比算出被试设备上的电压 U_1。

5. 电阻串联微安表测量

图 3-19 是用高电阻串联微安表测量直流高压的示意图，这种测量方法应用很广，能测量数千伏至数万伏的电压。市售的各种高压直流数字显示表都是用这种测量原理。

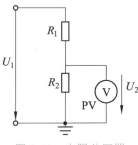
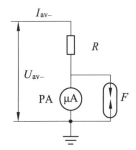

图 3-18　电阻分压器　　　　图 3-19　电阻串联微安表测量高压

被测直流电压加在高值电阻 R 上，则 R 中便有电流产生，与 R 串联的微安表的指示即为在该电压下流过 R 的平均值电流。因此，可通过微安表的读数直接算出待测电压数值。

二、避雷器直流试验原理

（一）避雷器保护原理

由于避雷针和避雷线并不能完全杜绝雷绕击和雷反击，雷电波依然可以通过输电线路入侵变电站，入侵后将直接危及变压器等电气设备的绝缘。为了防止入侵的雷电波危害其他设备绝缘，需要装设另一种防雷保护装置，即避雷器。

避雷器是与被保护设备相并联连接，当过电压波（雷电或操作）进波时，由于避雷器与被保护设备的伏秒特性配合缘故，会使得避雷器率先动作，将过电压能量引入大地，保护设备绝缘。

（二）测试原理

此测试加压原理、高压测量方法等与变压器泄漏电流相同，可参考"变压器直流试验原理"

实操　10 kV 配电变压器直流泄漏电流测试

实操 1　避雷器直流 1 mA 动作电压（U_{1mA}）及 $0.75U_{1mA}$ 下的泄漏电流测试

（一）工作任务

对 10 kV 氧化锌避雷器进行直流 1 mA 参考电压及泄漏电流测量，掌握试验危险点及预控措施、试验方法、试验步骤、结果分析，理解试验原理。

（二）引用标准

（1）《国家电网公司电力安全工作规程》（变电部分）。

（2）《电气装置安装工程　电气设备交接试验标准》（GB 50150—2016）。

（3）《国家电网公司五项通用制度　变电检测管理规定 829—2017》第 42 分册。

（4）《输变电设备状态检修试验规程》（Q/GDW1168—2013）。

（5）《现场绝缘试验实施导则　第 5 部分：避雷器试验》（DL/T 474.5—2006）。

（6）《交流无间隙金属氧化物避雷器》（GB 11032—2010）。

（三）试验条件

1. 环境要求

除非另有规定，该试验均在以下大气条件下进行，且试验期间，大气环境条件应相对稳定。

（1）环境温度不宜低于 5 ℃。

（2）环境相对湿度不宜大于 80%，大气环境条件应相对稳定。

（3）现场区域满足试验安全距离要求。

2. 被试设备要求

（1）待试设备处于检修状态，且待试设备上无接地线或者短路线。

（2）设备外观清洁、干燥、无异常，必要时可对被试设备表面进行清洁或干燥处理。

（3）避雷器或限压器外绝缘表面应尽可能清洁干净。

3. 人员要求

试验人员需具备如下基本知识与能力：

（1）了解氧化锌避雷器相关结构的性能、用途及原理。

（2）熟悉本试验所用仪器、仪表的原理、结构、用途及使用方法。

（3）熟悉各种影响试验结果的因素及消除方法。

（4）经过《国家电网公司电力安全工作规程》培训，且考试合格。

4. 基本安全要求

（1）应严格执行国家电网公司《电力安全工作规程（变电部分）》的相关要求。

（2）高压试验工作不得少于两人。试验负责人应由有经验的人员担任，开始试验前，试验负责人应向全体试验人员详细布置试验中的安全注意事项，交待邻近间隔的带电部位、危险点以及其他安全注意事项。

（3）应确保操作人员及试验仪器与电力设备的高压部分保持足够的安全距离，且操作人员应使用绝缘垫。

（4）试验装置的金属外壳应可靠接地，高压引线应尽量缩短，并采用专用的高压试验线，必要时用绝缘物支挂牢固。

（5）加压前必须认真检查试验接线，使用规范的短路线，表计倍率、量程、调压器零位及仪表的开始状态，均应正确无误；。

（6）因试验需要断开设备接头时，拆前应做好标记，接后应进行检查。

（7）试验装置的电源开关，应使用明显断开的双极刀闸。为了防止误合刀闸，可在刀刃上加绝缘罩。试验装置的低压回路中应有两个串联电源开关，并加装过载自动跳闸装置。

（8）试验前，应通知所有人员离开被试设备，并取得试验负责人许可，方可加压，加压过程中应有人监护并呼唱。

（9）变更接线或试验结束时，应首先断开试验电源，对升压设备的高压部分、被试品充分放电，并短路接地。

（10）试验现场出现明显异常情况时（如异音、电压波动、系统接地等），应立即停止试验工作，再查明异常原因。

（11）高压试验作业人员在全部加压过程中，应精力集中，随时警戒异常现象发生；

（四）试验准备

1. 危险点及预控措施

表 3-7　氧化锌避雷器参考电压及泄漏电流测试危险点及预控措施

危险点	描述	预控措施
高压触电	被试设备及相应套管引线均视为带 10 kV 电压	（1）用围栏将被试设备与相邻带电设备（间隔）隔离，并向外悬挂"止步，高压危险"标示牌，在通道处设置唯一出入口，悬挂"从此进出"标示牌；（2）工作时至少需要两人，一人监护，一人操作，听工作负责人指挥；（3）拆接试验接线时，应将被试设备对地充分放电，以防止剩余电荷或感应电压伤人以及影响测量结果；（4）测试前，与检修负责人协调，不允许有交叉作业，试验接线应正确牢固，试验人员应精力集中，试验人员之间应分工明确，配合默契，测量过程中要大声呼唱

续表

危险点	描述	预控措施
低压触电	试验电源为交流 220 V，搭接试验电源注意监护	测试仪需要外接电源搭接试验电源，需要两人操作，一人监护，一人操作，听工作负责人指挥
设备损坏	未按照要求操作测试仪，野蛮操作，或者操作测试仪顺序错误均可能会对设备和仪器造成不同程度的损坏	禁止野蛮操作，操作过程中，必须按照正确操作顺序进行升压，若出现严重违反安规的现象，应当立即制止。工作时，至少需要两人，一人监护，一人操作，听工作负责人指挥。

2. 工器具及材料清单

表 3-8　氧化锌避雷器参考电压及泄漏电流测试工器具及材料清单

名称	规格型号	数量	备注
接地线		若干	
测试线		若干	
裸铜线		若干	
电源盘		1 个	
万用表		1 只	
验电器	10 kV	1 只	
绝缘垫		1 只	
绝缘手套	高压	1 双	
放电棒	10 kV	1 套	
温湿度计		1 只	
直流高压发生器		1 套	
静电电压表		1 只	

3. 试验人员分工

表 3-9　氧化锌避雷器参考电压及泄漏电流测试人员分工表

序号	工作岗位	数量	职责
1	工作负责人	1	开班前会，交待工作内容、安全措施、进行危险点分析，抄写铭牌参数，指挥操作人和接线人进行测试。
2	操作人	1	检查工器具及试验装置，对被试品进行充分放电，并操作试验装置
3	接线人	1	接线并更改试验接线

（五）试验方法

1. 试验接线

其基本接线图如图 3-20 所示。

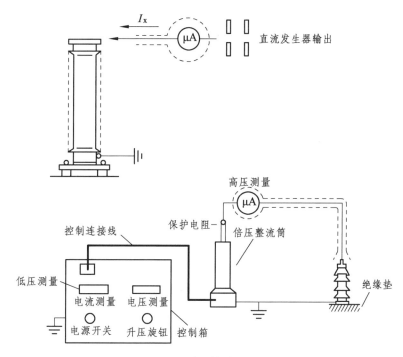

图 3-20 试验接线原理图

2. 试验注意事项

（1）泄漏电流测试线应使用屏蔽线，测试线与避雷器夹角应尽量接近 90°；

（2）升压过程中应监视电流表，防止超过其容量；

（3）接线时应充分考虑绝缘措施，防止加压线对邻近设备放电；

（4）试验结束断开电源后，应对被试避雷器或限压器邻近设备及加压线进行充分
放电；

3. 试验基本步骤

（1）开工前准备。

① 确认工作地点；

② 检查并补齐现场安全措施；

③ 办理工作许可手续；

④ 召开班前会，交待安全措施、危险点及注意事项；

⑤ 检查、清点工具、材料，如图 3-21 所示。

⑥ 查阅设备出厂试验记录。

图 3-21　检查工器具（绝缘手套）

（2）检查被试设备外观良好，正确放置温/湿度计。将被试设备断电，验明确无电压后充分放电并有效接地，并抄录现场温湿度及设备铭牌信息，如图 3-22 所示。

图 3-22　放电

（3）进行测试仪器过压整定并检验仪器在整定值能否可靠动作。

（4）清洁避雷器表面，进行试验接线，如图 3-23 所示。

（a）连接测试线

（b）连接高压引线

图 3-23　避雷器直流泄漏试验接线图

（5）检查试验接线，确认电压输出在零位，接通试验电源，进行升压。

（6）升压过程中，监视泄漏电流，同时监视试验电压，若电流值上升慢数值小，且试验电压已快接近避雷器或限压器参考电压时，应匀速放慢升压，当电流达到厂家规定直流参考电流试验值时，读取并记录电压值 U_{1mA}，降压至零，如图 3-24 所示。

图 3-24　升压、读取微安表

（7）重新升压至 $0.75U_{1mA}$ 值，读取并记录泄漏电流值，降压至零。

（8）断开试验电源，对被试设备使用专用放电工具按先经电阻放电，后直接放电的程序进行充分放电，再将被试设备直接接地。

（9）拆除试验接线，整理试验现场。

（六）相关规程要求

1.《电气装置安装工程电气设备交接试验标准》（GB 50150—2016）

（1）金属氧化物避雷器对应于直流参考电流下的直流参考电压，应符合 GB 11032（见表 3-10）规定或产品技术规定。

表 3-10　典型的电站和配电用避雷器参数（kV）

避雷器额定电压 U_r（有效值）	避雷器持续运行电压 U_c（有效值）	标称放电电流20 kA 等级				标称放电电流10 kA 等级				标称放电电流5 kA 等级							
		电站避雷器				电站避雷器				电站避雷器				配电避雷器			
		徒波冲击电流残压（峰值）不大于	需电冲击电流残压	操作冲击电流残压	直流1 mA参考电压不小于	徒波冲击电流残压（峰值）不大于	需电冲击电流残压	操作冲击电流残压	直流1 mA参考电压不小于	徒波冲击电流残压（峰值）不大于	需电冲击电流残压	操作冲击电流残压	直流1 mA参考电压不小于	徒波冲击电流残压（峰值）不大于	需电冲击电流残压	操作冲击电流残压	直流1 mA参考电压不小于
5	4.0	—	—	—	—	—	—	—	—	15.5	13.5	11.5	7.2	17.3	15.0	12.8	7.5
10	8.0	—	—	—	—	—	—	—	—	31.0	27.0	23.0	14.4	34.6	30.0	25.6	15.0
12	9.6	—	—	—	—	—	—	—	—	37.2	32.4	27.6	17.4	41.2	35.8	30.6	18.0
15	12.0	—	—	—	—	—	—	—	—	46.5	40.5	34.5	21.8	52.5	45.6	39.0	23.0
17	13.6	—	—	—	—	—	—	—	—	51.8	45.0	38.3	24.0	57.5	50.0	42.5	25.0
51	40.8	—	—	—	—	—	—	—	—	154.0	134.0	114.0	73.0	—	—	—	—
84	67.2	—	—	—	—	—	—	—	—	254	221	188	121	—	—	—	—
90	72.5	—	—	—	—	264	235	201	130	270	235	201	130	—	—	—	—
96	75	—	—	—	—	280	250	213	140	288	250	213	140	—	—	—	—
(100)[a]	78	—	—	—	—	291	260	221	145	299	260	221	145	—	—	—	—
102	79.6	—	—	—	—	297	266	226	148	305	266	226	148	—	—	—	—
108	84	—	—	—	—	315	281	239	157	323	281	239	157	—	—	—	—
192	150	—	—	—	—	560	500	426	280	—	—	—	—	—	—	—	—
(200)[a]	156	—	—	—	—	582	520	442	290	—	—	—	—	—	—	—	—
204	159	—	—	—	—	594	532	452	296	—	—	—	—	—	—	—	—
216	158.5	—	—	—	—	630	562	478	314	—	—	—	—	—	—	—	—
288	219	—	—	—	—	782	698	593	408	—	—	—	—	—	—	—	—
300	228	—	—	—	—	814	727	618	425	—	—	—	—	—	—	—	—
306	233	—	—	—	—	831	742	630	433	—	—	—	—	—	—	—	—
312	237	—	—	—	—	847	760	643	442	—	—	—	—	—	—	—	—
324	246	—	—	—	—	880	789	668	459	—	—	—	—	—	—	—	—
420	318	1 170	1 046.	858	565	1 075	960	852	565	—	—	—	—	—	—	—	—
444	324	1 238	1 106	907	597	1 137	1 015	900	597	—	—	—	—	—	—	—	—
468	330	1 306	1 166	956	630	1 198	1 070	950	630	—	—	—	—	—	—	—	—
600	462	1 518	1 380	1 142	810	—	—	—	—	—	—	—	—	—	—	—	—
648	498	1 639	1 491	1 226	875	—	—	—	—	—	—	—	—	—	—	—	—

a 过渡。

（2）0.75U_{1mA} 下的泄漏电流不应大于 50 μA，或符合产品技术条件的规定。750 kV 电压等级的金属氧化物避雷器应测试 1 mA 和 3 mA 下的直流参考电压，测试值应符合产品技术条件的规定；0.75U_{1mA} 下的泄漏电流不应大于 650 μA，且应符合产品技术条件的规定。

（3）试验时若整流回路中的波纹系数大于 1.5%时，应加装滤波电容器，可为 0.010～0.10 μF，试验电压应在高压侧测量。

2. 国家电网公司五项通用制度

（1）金属氧化物避雷器或限压器直流参考电压 U_{1mA} 初值差不超过 ±5%且不低于 GB 11032—2010（见表 3-10）规定数值（注意值）和出厂技术要求。

（2）0.75U_{1mA} 泄漏电流 I 初值差≤30%，或 I≤50 μA。

（3）测试数据超标时应考虑被试品表面污秽、环境湿度等因素，必要时可对被试品表面进行清洁或干燥处理，在外绝缘表面靠加压端处或靠近被试避雷器接地的部位装设屏蔽环后重新测量。

（七）试验数据分析、处理及试验意义

1. 试验的意义

（1）直流参考电压 U_{1mA} 测试目的。

金属氧化物避雷器运行于系统电压时，泄漏电流极小，只有 10～50 μA，此时阀片电阻极大，可视避雷器为开路状态。由于金属氧化物阀片非线性电阻特性，随着电压升高，阀片电阻逐渐降低，泄漏电流将急剧增大，达到 1 mA 时，阀片伏安特性曲线达到拐点，此时避雷器两端电压可视为避雷器放电的起始动作电压。

通常以 1 mA 直流电流为避雷器参考电流（对于 750 kV 及以上电压等级的金属氧化物避雷器，一般以 4 mA 为其参考电流），此时两端电压称为参考电压，此电压决定了使避雷器动作的起始电压值，一般大于等于避雷器的额定电压峰值。

此测试也是以直流电压和电流的方式来表明金属氧化物阀片伏安特性曲线饱和点的位置。其主要目的是检测避雷器的动作特性和保护特性，还能检测其阀片是否受潮、老化，确定其动作性能是否符合要求。

（2）0.75U_{1mA} 下的泄漏电流测试目的。

0.75U_{1mA} 下的泄漏电流是指当被试设备两端施加 0.75U_{1mA} 时，流过被试设备的泄漏电流。由于避雷器荷电率最高约为 80%，因此电压值为 0.75U_{1mA} 时，其实电压与之正常加压幅值接近，在此电压下测得泄漏电流实则是测试其在正常电压作用下的泄漏电流。这一电流与金属氧化物避雷器的寿命有直接关系，因此，测试的目的是检测金属氧化物阀片或避雷器的质量状况。

2. 试验报告

表 3-11　避雷器直流 1 mA 动作电压（U_{1mA}）及 0.75U_{1mA} 下的泄漏电流测试报告

一、基本信息							
变电站		委托单位		试验单位		运行编号	
试验性质		试验日期		试验人员		试验地点	
报告日期		编写人		审核人		批准人	
试验天气		环境温度（℃）		相对湿度（%）			

二、设备铭牌			
相别	A	B	C
生产厂家			
出厂日期			
出厂编号			
设备型号			
额定电压（kV）			
直流参考电压（kV）			
节数			

三、试验数据							
相别	U_{1mA}(kV)	U_{1mA} 初值（kV）	U_{1mA} 初值差（%）	0.75U_{1mA} 初值(kV)	0.75U_{1mA} 泄漏电流（μA）	0.75U_{1mA} 泄漏电流初值差（%）	结果
A							
B							
C							
仪器型号							
结论							
备注							

（八）工作流程

表 3-12　10 kV 避雷器直流 1 mA 动作电压（U_{1mA}）及 0.75U_{1mA} 下的泄漏电流测试流程表

试验名称	10 kV 避雷器直流 1 mA 动作电压（U_{1mA}）及 0.75U_{1mA} 下的泄漏电流测试	
任务描述	检查现场安全措施，正确选择、使用试验仪器、仪表，安全进行避雷器直流 1 mA 动作电压（U_{1mA}）及 0.75U_{1mA} 下的泄漏电流测试，清理并结束试验现场，完成试验报告，并对测试结果分析判断	
考核要点及其要求	1. 检查、熟悉需用仪器、仪表、工具、资料，安全、正确进行试验接线和使用仪器、仪表和工器具； 2. 按现场工作标准化流程完成测试工作； 3. 判断试验结果，完成试验报告，要求书写规范、整洁； 4. 若试验中严重违反操作规程，立即停止操作，考试提前结束	
场地、设备、工具和材料	1. 被试品：10 kV 避雷器； 2. 试验设备：直流电压发生器、电流表、数字万用表、绝缘手套、电源线、电源板、接地线、干湿温度计、干燥毛巾、屏蔽环（丝）、放电棒、测试线若干、常用电工工具、笔、计算器、记录本等； 3. 考生自备工作服，绝缘鞋，安全帽	
危险点和安全措施	1. 悬挂"在此工作""止步，高压危险""禁止合闸，有人工作""从此进出"标示牌； 2. 防止触电伤人； 3. 防止测量时伤及工作人员及试验人员	
考核时限	45 min	
工作流程		
序号	作业名称	10 kV 避雷器直流 1 mA 动作电压（U_{1mA}）及 0.75U_{1mA} 下的泄漏电流测试
1	着装	正确佩戴安全帽，着棉质工作服，穿绝缘鞋
2	现场安全措施	按现场标准化作业进行设置、检查安全措施
3	试验电源检查、仪器、仪表、工具检查及温湿度计摆放	1. 检查试验电源电压是否符合测试仪器电源电压要求； 2. 检查使用仪器、仪表、安全用具是否在使用有效期内； 3. 检查使用仪器、仪表、安全用具是否适合工作需要； 4. 温湿度计正确摆放
4	放电、接地、清洁	1. 接测试线前必须对避雷器充分放电； 2. 将避雷器底部法兰盘可靠接地； 3. 清洁被试品外绝缘
5	测量直流 1 mA 动作电压（U_{1mA}）及 0.75U_{1mA} 下的泄漏电流	1. 设置试验过压值，检查仪器升压旋钮是否在零位； 2. 正确、安全地接好测试接线（设置屏蔽）； 3. 接通试验电源并拆除接地线，开始手动升压，读取直流 1 mA 时对应的电压值并记录； 4. 测量 0.75 参考电压下的泄漏电流值，并记录； 5. 测量完毕后降压到零位，断开试验电源； 6. 测量后应用带限流电阻放电棒充分放电并接地； 7. 试验时注意监护并大声呼唱，测试人员站在绝缘垫上
6	试验结束	1. 拆除试验接线，恢复被试品初始状态； 2. 清理试验现场； 3. 试验人员、设备撤离现场，结束工作手续
7	试验报告	1. 被试设备铭牌参数及检测仪器型号； 2. 试验日期、试验人员、试验地点、温度、湿度； 3. 试验数据、试验标准、试验结论
备注		

任务 3 介质损耗正切值 tan δ 及电容量的测试

知识目标

能说出介质损耗产生的原因；知道介质损耗计算的方法；能表述介质损耗串并联关系和计算方法；清楚西林电桥原理；能阐述正接线、反接线的特点与使用范围；能准确阐述试验目的和意义。

技能目标

正确指出试验的危险点及预控措施；熟练使用试验所需仪器仪表和工具；正确安全进行试验接线；能在监护人监护下按现场工作标准化流程完成试验工作；能依据相关试验标准对试验结果进行分析和判断，完成试验报告。

素质目标

培养学生理论联系实际的能力以及动手操作的能力；培养学生遵章守纪，标准化操作的职业工作习惯以及良好的安全意识；培养学生劳动光荣、技能宝贵的生产意识。

一、试验原理

（一）tan δ 测试原理

1. 介质损耗产生的原因

在电压的作用下，电介质会产生一定的能量损耗，这部分损耗称为介质损耗或介质损失。产生介质损耗的原因主要是电导损耗、极化损耗和局部放电。

（1）电导损耗：在电场作用下，电介质会产生泄漏电流，此电流为纯电导电流，电流大小与时间无关，相位与外加电压同相，大小与外加电压成线性关系。这种损耗在直流和交流作用下均存在，与极化和局部放电引起的损耗相比较是很小的。

（2）极化损耗：偶极子极化和空间电荷极化在交流作用下会存在周期性极化过程，相当于电容在交流作用下反复充放电，充放电的过程会带来能量损耗。该损耗大小与电介质的性能、结构、受潮和老化情况、外界温度、交流电频率等均有关系。

（3）局部放电：在固体绝缘材料中，不可避免有气隙；在液体绝缘材料中，也不可避免有气泡。在交流电压作用下，电场分布与材料介电常数 ε 成反比。气体的介电常数往往比液体电介质低，比固体电介质低很多，因此气隙中电场强度往往很大。当外界电压足够高时，气隙中率先发生局部放电，带来损耗。在交流作用下，局部放电比直流作用下更强烈。

2. tan δ 与介质损耗的关系

图 3-27 为绝缘电介质在交流作用下的等值电路，图 3-28 为该并联等值电路在交流作用下的相量图，外加电压 $\dot{U}$ 与总电流 $\dot{I}$ 的夹角为功率因数角 φ，而功率因数角的余角，即电容电流 $\dot{I}_C$ 与总电流 $\dot{I}$ 的夹角 δ 称为介质损耗正切角或介质损失正切角，$\tan \delta$ 称为介质损耗正切值或介质损失正切值。

$$\tan \delta = \frac{I_R}{I_C} = \frac{U/R_g}{U \omega C_0} = \frac{1}{\omega C_0 R_g}$$

（3-10）

电介质损耗功率 P 可以计算：

$$P = UI_R = U(I \tan \delta) = U^2 \omega C_0 \tan \delta \qquad (3\text{-}11)$$

由上式可见，在外加电压大小、频率以及电介质尺寸（表征其电容量）一定时，介质损耗功率 P 与介质损耗正切值 $\tan \delta$ 成正比，故 $\tan \delta$ 可以反映电介质在交流电压作用下的损耗大小，工程上也使用 $\tan \delta$ 来衡量绝缘电介质介质损耗的大小。

绝缘电介质介质损耗的大小，直接反映了该绝缘介质在交流作用下的发热情况，同一批设备，介质损耗越大，运行时发热就越严重。

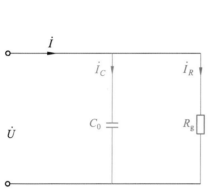

图 3-27　电介质简化并联等值电路　　图 3-28　交流电压下电介质并联等值电路的相量图

3. 多电介质串、并联

大多数电气设备的绝缘是组合绝缘，由不同的绝缘电介质组合而成，且具有不均匀结构，如油纸绝缘、内含空气和水分的绝缘、电缆绝缘等。对绝缘进行分析时，可以把电气设备组合绝缘看作多个绝缘电介质串联或并联组合而成，如图 3-29 所示。

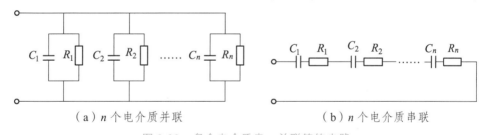

（a）n 个电介质并联　　　　　　（b）n 个电介质串联

图 3-29　多个电介质串、并联等值电路

对于（a）图所示的并联等值电路，总介质损耗 $P = P_1 + P_2 + \cdots + P_n$，将 $P = U^2 \omega C \tan \delta$ 代入后进行计算，可得该电介质综合介质损耗正切值：

$$\tan \delta = \frac{C_1 \tan \delta_1 + C_2 \tan \delta_2 + \cdots + C_n \tan \delta_n}{C_1 + C_2 + \cdots + C_n} \qquad (3\text{-}12)$$

同理，对于（b）图所示的串联等值电路，介质损耗正切值为

$$\tan \delta = \frac{\dfrac{\tan \delta_1}{C_1} + \dfrac{\tan \delta_2}{C_2} + \cdots + \dfrac{\tan \delta_n}{C_n}}{\dfrac{1}{C_1} + \dfrac{1}{C_2} + \cdots + \dfrac{1}{C_n}} \qquad (3\text{-}13)$$

由上式可知，多个绝缘电介质的综合介质损耗正切值 $\tan\delta$ 总是小于电路中个别 $\tan\delta$ 的最大值，大于最小值。

这一结论表明，在测量分层绝缘时，当其中一层的介质损耗正切值 $\tan\delta$ 增加时，并不能有效地在综合 $\tan\delta$ 中反映出来，或者说 $\tan\delta$ 测试对绝缘的局部缺陷反映不灵敏。因此，对于可以分解为不同绝缘部分的被试品，应尽量分部进行测量。如测量变压器绕组连同套管的 $\tan\delta$ 时，由于套管的电容比绕组的电容小得多，套管内的缺陷很难发现；若单独测量套管的 $\tan\delta$ 时，其中的缺陷则很容易暴露出来。

（二）$\tan\delta$ 测试仪器

测量 $\tan\delta$ 有传统方法平衡电桥法（QS1 型西林电桥）、不平衡电桥法（M 型介质试验器）、功率表法、相敏电路法等四种主要方法。

本任务主要介绍 QS1 西林电桥，其原理图如图 3-30 所示。

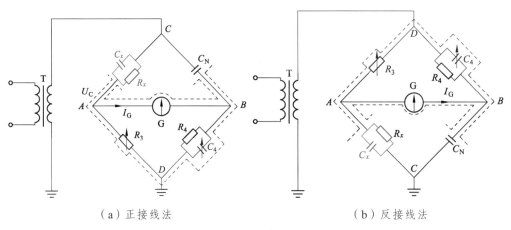

（a）正接线法　　　　　　　　　　（b）反接线法

图 3-30　西林电桥

西林电桥主要包括桥体和标准电容两部分，桥体内装有检流计 G、可调电阻 R_3、固定电阻 R_4、可调电容 C_4 等，标准电容为 C_N，它们与被试设备（图中 R_X 与 C_X）连接构成电桥结构，有正接线法和反接线法两种。原理是通过调节可调电阻 R_3 与可调电容 C_4，使电桥达到平衡，再通过计算得出被试设备电容与介质损耗正切值。

正接线法中的桥臂 X、N 比桥臂 3、4 阻抗大得多，因此外加电压大部分降落在桥臂 X、N 上，桥体上的电压降落很小，又处于低电位，故操作时比较安全，但这种接线方法要求被试设备两极均对地绝缘。

反接线法将桥臂 X、N 与桥臂 3、4 更换位置，此时被试设备一端接地，但所调节的 R_3、C_4 处于高电位，因此操作时保证桥体的绝缘合格是非常必要的。反接线法通常用于被试设备一端不得不接地的情况。

无论是正接线法还是反接线法，调整 C_3 和 R_4 使得电桥平衡时，流过检流计电流 I_G 都为零，以正接线法为例，电桥平衡时 $Z_X Z_4 = Z_N Z_3$，并将 $Z_X = \dfrac{1}{\dfrac{1}{R_X} + \mathrm{j}\omega C_X}$、

$Z_N = \dfrac{1}{j\omega C_N}$、 $Z_3 = R_3$、 $Z_4 = \dfrac{1}{\dfrac{1}{R_4} + j\omega C_4}$ 代入，可得：

$$\tan\delta = \frac{1}{\omega R_X C_X} = \omega R_4 C_4 , \quad C_X = \frac{C_N R_4}{R_3(1 + \tan^2\delta)}$$

从上式可见，利用西林电桥可以测出介质损耗正切值 $\tan\delta$ 和电介质电容量 C_X。

（三）西林电桥主要部件

（1）桥体：综上所述，QS1 西林电桥的平衡是通过调节 R_3、C_4 来实现的，R_4 是阻值约为 $3\,184\,\Omega$ 的无感电阻；C_4 是由 25 只无损电容构成的可调十进制电容箱，实现在 $0 \sim 0.61\,\mu F$ 内连续可调；R_3 是十进制电阻箱，实现在 $0 \sim 11111.2\,\Omega$ 内连续可调。

（2）平衡指示器：桥体内装有振动式交流检流计 G，作为电桥平衡指示器，当检流计内线圈中通过电流时，将产生交变磁场，使得内部磁钢振动，并通过光学系统检测该振动，并读出其电流大小。

（3）标准电容 C_N。

标准电容 C_N 为真空电容器，工作电压为 $10\,kV$，电容量为 $(50 \pm 1)\,pF$，$\tan\delta \leqslant 0.1\%$。真空电容器受潮时，会使表面泄漏电流增大，常使介损较小的被试设备出现 $-\tan\delta$，因此，其内部防潮硅胶应当定期更换以保证其干燥。

（4）过电压保护装置。

当试验过程中被试设备绝缘电容 C_X 或标准电容 C_N 被击穿时，Z_3、Z_4 将承受全部试验电压，可能会损坏设备，甚至危及人身安全，因此在 Z_3、Z_4 桥臂上均并联有放电电压为 $300\,V$ 的放电管作为过电压保护。

（5）$-\tan\delta$ 切换开关。

当试验数据得到 $-\tan\delta$ 时，应当使用 $-\tan\delta$ 切换开关，将电容 C_4 与电阻 R_3 改为并联，最终算出 $\tan\delta = \omega R_3(-C_4)$。

需要注意的是，$-\tan\delta$ 并无实际物理意义，其产生的原因各不相同，如强电场干扰、标准电容受潮、超量程、接线错误、有抽取电压装置的电容式套管等均可能出现 $-\tan\delta$。

（四）新型介质损耗测试仪

QS1 型西林电桥介质损耗测试仪是传统测试仪，但是它也存在很多缺点，其中最大的缺点是抗干扰能力较差，电压等级越高，测试误差越大。随着科技发展，很多公司发明了新型介质损耗测试仪，虽然不同厂家生产的测试仪原理各不相同，但它们都克服了 QS1 西林电桥的缺点，而且试验设备操作简单、方便。

如目前使用较多的 AI-6000 型介质损耗测试仪，采用了变频技术，在 $50\,Hz$ 的对称位置 $45\,Hz$ 和 $55\,Hz$ 各测量一次，屏蔽了 $50\,Hz$ 的电磁波干扰，然后将测量数据平均，使误差大大减小。

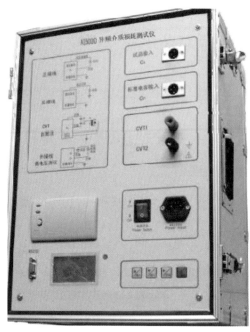

图 3-31　AI-6000 介质损耗测试仪

实操 1　10 kV 配电变压器介质损耗正切值测试

（一）工作任务

使用自动介损测试仪对 10 kV 变压器进行介质损耗正切值及电容量的测试，掌握试验危险点及预控措施、试验方法、试验步骤、结果分析，理解试验原理，并且能正确完成现场试验项目的接线、操作及测量。（注：规程并未要求 10 kV 配电变压器需要做介质损耗正切值测试，本实操仅为熟悉试验流程）

（二）引用标准

（1）《国家电网公司电力安全工作规程》（变电部分）。

（2）《电气装置安装工程　电气设备交接试验标准》（GB 50150—2016）。

（3）《国家电网公司五项通用制度　变电检测管理规定 829—2017》第 24 分册。

（4）《输变电设备状态检修试验规程》（Q/GDW1168—2013）。

（5）《现场绝缘试验实施导则　第 3 部分：介质损耗因数 $\tan\delta$ 试验》（DL/T 474.3—2006）。

（三）试验条件

1. 环境要求

除非另有规定，该试验均在以下大气条件下进行，且试验期间，大气环境条件应相对稳定。

（1）环境温度不宜低于 5 ℃。

（2）环境相对湿度不宜大于 80%。

（3）现场区域满足试验安全距离要求。

2. 被试设备要求

（1）待试设备处于检修状态，且待试设备上无接地线或者短路线。

（2）设备外观清洁、干燥、无异常，必要时可对被试设备表面进行清洁或干燥处理。

（3）设备上无其他外部作业。

3. 人员要求

试验人员需具备如下基本知识与能力：

（1）了解 10 kV 配电变压器相关绝缘材料、绝缘结构的性能、用途。

（2）了解 10 kV 配电变压器的型式、用途、结构及原理。

（3）熟悉本试验所用仪器、仪表的原理、结构、用途及使用方法。

（4）熟悉各种影响试验结果的因素及消除方法。

（5）经过《国家电网公司电力安全工作规程》培训，且考试合格。

4. 基本安全要求

（1）应严格执行国家电网公司《电力安全工作规程（变电部分）》的相关要求。

（2）高压试验工作不得少于两人。试验负责人应由有经验的人员担任，开始试验前，试验负责人应向全体试验人员详细布置试验中的安全注意事项，交待邻近间隔的带电部位、危险点以及其他安全注意事项。

（3）应确保操作人员及试验仪器与电力设备的高压部分保持足够的安全距离，且操作人员应使用绝缘垫。

（4）试验装置的金属外壳应可靠接地，高压引线应尽量缩短，并采用专用的高压试验线，必要时用绝缘物支挂牢固。

（5）加压前必须认真检查试验接线，使用规范的短路线，表计倍率、量程、调压器零位及仪表的开始状态，均应正确无误。

（6）因试验需要断开设备接头时，拆前应做好标记，接后应进行检查。

（7）试验装置的电源开关，应使用明显断开的双极刀闸。为了防止误合刀闸，可在刀刃上加绝缘罩。试验装置的低压回路中应有两个串联电源开关，并加装过载自动跳闸装置。

（8）试验前，应通知所有人员离开被试设备，并取得试验负责人许可，方可加压，加压过程中应有人监护并呼唱。

（9）变更接线或试验结束时，应首先断开试验电源，对升压设备的高压部分、被试品充分放电，并短路接地。

（10）试验现场出现明显异常情况时（如异音、电压波动、系统接地等），应立即停止试验工作，查明异常原因。

（11）高压试验作业人员在全部加压过程中，应精力集中，随时警戒异常现象发生。

（12）未装接地线的大电容被试设备，应先行充分放电再做试验。

（四）试验准备

1. 危险点及预控措施

表 3-13　10 kV 变压器介质损耗正切值及电容量测试危险点及预控措施

危险点	描述	预控措施
高压触电	被试设备及相应套管引线均视为带 10 kV 电压	（1）用围栏将被试设备与相邻带电设备（间隔）隔离，并向外悬挂"止步，高压危险"标示牌，在通道处设置唯一出入口，悬挂"从此进出"标示牌；（2）工作时至少需要两人：一人监护，一人操作，听工作负责人指挥；（3）拆接试验接线时，应将被试设备对地充分放电，以防止剩余电荷或感应电压伤人以及影响测量结果；（4）测试前，与检修负责人协调，不允许有交叉作业，试验接线应正确牢固，试验人员应精力集中试验人员之间应分工明确，配合默契，测量过程中要大声呼唱
低压触电	试验电源为交流 220 V，搭接试验电源注意监护	测试仪需要外接电源搭接试验电源，需要两人操作：一人监护，一人操作，听工作负责人指挥
设备损坏	未按照要求操作介损测试仪，野蛮操作，或者操作介损测试仪顺序错误均可能会对设备和仪器造成不同程度的损坏	禁止野蛮操作，操作过程中，必须按照正确操作顺序使用介损测试仪，若出现严重违反安规的现象，应当立即制止。工作时，至少需要两人：一人监护，一人操作，听工作负责人指挥

2. 工器具及材料清单

表 3-14　10 kV 变压器介质损耗正切值及电容量测试工器具及材料清单

名称	规格型号	数量	备注
接地线		若干	
测试线		若干	
裸铜线		若干	
电源盘		1 个	
万用表		1 只	
温/湿度计		1 只	
绝缘垫		1 张	
验电器	10 kV	1 只	
绝缘手套	高压	1 双	
放电棒	10 kV	1 套	
温湿度计		1 只	
自动介损测试仪	上海思创 HV9003	1 台	

3. 试验人员分工

表 3-15   10 kV 变压器介质损耗正切值及电容量测试人员分工表

序号	工作岗位	数量	职责
1	工作负责人	1	开班前会，交待工作内容、安全措施、进行危险点分析，抄写铭牌参数，指挥操作人和接线人进行测试
2	操作人	1	检查工器具及自动介损测试仪，对被试品进行充分放电，并操作测试仪
3	接线人	1	接线并更改试验接线

（五）试验方法

1. 一般规定

（1）测量前记录被试设备实时温度及空气相对湿度。

（2）被试设备连同油浸绕组测量温度以上层油温为准，尽量使每次测量的温度相近，且应在变压器上层油温低于 50 ℃ 时测量，不同温度下的 $\tan\delta$ 值应换算到同一温度下进行。

（3）尽量缩短测量引线以减小误差。

（4）有绕组的被试设备进行电容量和介质损耗因数试验时，与被试部位相连的所有绕组端子连在一起加压，其余绕组端子均接地。

（5）如果测量值异常（测量值偏大或增量偏大），可测量介质损耗因数与测量电压之间的关系曲线，测量电压从 10 kV 到 $U_m/\sqrt{3}$。

（6）现场测量存在电场和磁场干扰影响时，应采取相应措施进行消除。

2. 试验接线

由于变压器外壳直接接地，因此现场一般采用反接线法，变压器高压侧绕组短接，低压侧绕组短接接地，将高压线接至变压器高压侧绕组，介损测试仪接地即可（测量高压绕组连同套管的介质损耗）。接线图如图 3-32 所示。

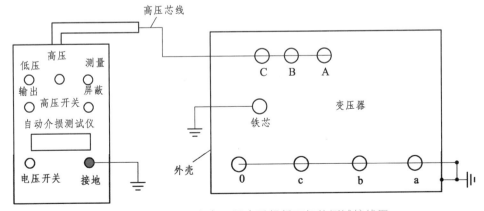

图 3-32   10 kV 配电变压器介质损耗正切值测试接线图

3. 试验注意事项

（1）测试时记录现场温度及空气湿度。

（2）测试完成切断高压电源并对被试设备充分放电，再次升压前，先取下放电棒，防止带接地放电棒升压。

（3）测试过程中测试设备和被试设备外壳必须良好接地。

（4）测试数据超标时应考虑被试设备表面污秽、环境湿度等因素，必要时可对被试设备表面进行清洁或干燥处理后重新测量，必要时还可加屏蔽环来消除表面泄漏电流的影响。

（5）测量温度以变压器上层油温为准，尽量使每次测量的温度接近，且应在变压器上层油温低于 50 ℃ 时测量，不同温度下的 $\tan\delta$ 值应换算到同一温度下进行。

（6）尽可能分部测试。

（7）测量时应选用合适的试验电压。

（8）测量绕组的 $\tan\delta$ 时必须将每个绕组的首尾短接。

4. 试验基本步骤

（1）开工前准备：

① 确认工作地点；

② 检查并补齐现场安全措施；

③ 办理工作许可手续；

④ 召开班前会，交待安全措施、危险点及注意事项；

⑤ 检查、清点工具、材料，如图 3-33 所示。

⑥ 查阅设备出厂试验记录。

图 3-33　检查工器具

（2）检查被试设备外观良好，正确放置温/湿度计。将被试设备断电，验明确无电压后充分放电并有效接地，并抄录现场温湿度及设备铭牌信息，如图 3-34 所示。

（3）检查电容量及介质损耗测试仪是否正常。

（4）根据被试设备类型及内部结构选择相应的接线方式，进行被试设备试验接线，并检查确认接线正确，如图 3-35 所示。

（a）验电

（b）放电

图 3-34 验电放电

图 3-35 介质损耗测试接线图

（5）设置试验仪器参数（试验电压值、接线方式），升压至试验电压后读取电容值和介损值。

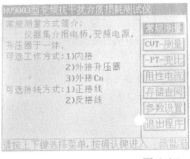

图 3-36 设置仪器参数

（6）降压至零，然后断开电源，充分放电后拆除接线，如图 3-37 所示，恢复被试设备试验前接线状态，结束试验。

图 3-37　设备放电

（六）相关规程要求

1.《电气装置安装工程电气设备交接试验标准》（GB 50150—2016）

（1）当变压器电压等级在 35 kV 及以上且容量在 10 000 kVA 及以上时，应测量介质损耗因数。

（2）被测绕组的 $\tan\delta$ 值不宜大于产品出厂试验值的 130%，当大于 130% 时，可结合其他绝缘试验结果综合分析判断。

（3）当测量时的温度与产品出厂试验温度不符时，可按以下方法换算到同一温度时的数值进行比较：

$$\begin{cases} \tan\delta = \tan\delta_{20\,°C} \times A \,(温度超过20\,°C) \\ \tan\delta = \tan\delta_{20\,°C} \div A \,(温度低于20\,°C) \end{cases} \qquad (3\text{-}14)$$

如果实测温差不是表 3-16 所列数值时，可采用线性插入法确定换算系数 A。

表 3-16　介质损耗温度换算系数表

温度差 K	5	10	15	20	25	30	35	40	45	50
换算系数 A	1.15	1.3	1.5	1.7	1.9	2.2	2.5	2.9	3.3	3.7

注：表中 K 为实测温度减去 20 °C 的绝对值；
　　测量温度以上层油温为准。

（4）变压器本体电容量与出厂值相比允许偏差应为 ±3%。

2. 国家电网公司五项通用制度

（1）试验结果要求：

20 °C 时的介质损耗因数：① 330 kV 及以上：≤0.005（注意值）；② 110（66）~ 220 kV：≤0.008（注意值）；③ 35 kV 及以下：≤0.015（注意值）。

绕组电容量：与上次试验结果相比无明显变化。

（2）判断分析：

将结果与有关数据比较，包括同一设备各相的数据、同类设备间的数据、出厂试验数据、耐压前后数据、与历次同温度下的数据比较等。为便于比较，宜将不同温度下测得的数值换算至 20 ℃，当 20 ℃～80 ℃ 温度范围内，经验公式为

$$\tan\delta = \tan\delta_0 \times 1.3^{(t-t_0)} \tag{3-15}$$

式中，$\tan\delta_0$ 为温度为 t_0 时的介损正切值（通常取 20 ℃）；$\tan\delta$ 为温度为 t 时的介损正切值。

若试验结果超标，应结合绝缘电阻、绝缘油试验、耐压、红外成像、高压介损等试验项目结果综合判断。

（七）试验数据分析、处理及试验意义

1. 试验结果影响因素

1）温度的影响

温度对电介质损耗影响较大，对同一被试设备而言，正常情况下，电介质的损耗随温度上升而增加。

实际经验表明，$\tan\delta$ 随温度变化的趋势与电介质材料、结构以及绝缘受潮情况有关。如对油纸套管而言，$\tan\delta$ 虽然随温度升高而升高，但是受潮材料与干燥的材料的 $\tan\delta$ 之差却会随着温度升高而减小；相反，电力变压器整体的 $\tan\delta$ 也随温度升高而升高，但受潮变压器与干燥变压器的 $\tan\delta$ 之差却会随温度升高而增大，如图 3-38 所示。所以对于不同的绝缘电介质进行介质损耗测试时，如果采用同一套温度换算公式，将带来较大误差；另外，从图 3-38 可以看出，即使对于同一设备，不同绝缘情况下的温度换算也有一定差别，一般来说，仅在温度为 10 ℃～30 ℃ 时的换算才是比较准确的。因此，在进行电介质 $\tan\delta$ 和电容量测试时，应尽量保证变压器上层油温与过往测试相同或相差不大。

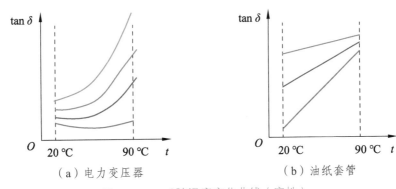

（a）电力变压器　　　（b）油纸套管

图 3-38　$\tan\delta$ 随温度变化曲线（定性）

2）电压大小的影响

对于正常良好的绝缘，在一定试验范围内（小于工作电压），流过电介质中的有功分量量和无功分量随电压的增长成线性关系上升，因此，$\tan\delta$ 不会因为电压的变化而发生较大变化。只有当外加电压超过工作电压时，内部出现游离的情况下，$\tan\delta$ 才会随电压增加；对于内部有缺陷的绝缘，$\tan\delta$ 随电压变化会很明显，如图 3-39 所示。因

此，现场进行 $\tan\delta$ 时，有条件应当录取 $\tan\delta$ 随电压变化的曲线，当发现 $\tan\delta$ 随外加电压有变化时，应认真检查分析原因。

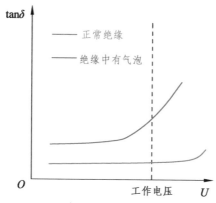

图 3-39　$\tan\delta$ 随电压变化曲线（定性）

3）频率的影响

由于绝缘介质的损耗中相当一部分由有损极化构成，所以当外加频率很低时，极化程度深，但是由于极化次数过少，因此损耗低，而随频率升高，单位时间内极化次数增多，损耗增加；而当频率升高到一定程度时，频率过高，电介质极化程度会降低，损耗也会随之降低，如图 3-40 所示。图中 f_0 并非固定值，取决于绝缘电介质的结构、性质、状况等因素，为了充分反映电介质在工频交流作用下的介质损耗，要求试验电源的频率应为设备额定频率，即工频，且偏差不超过 5%，波形为标准正弦波。

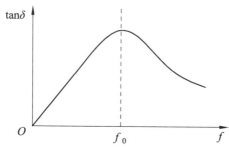

图 3-40　$\tan\delta$ 随电压变化曲线（定性）

4）局部缺陷的影响

绝缘电介质内部的局部损伤对整体 $\tan\delta$ 有一定影响，这种影响与局部缺陷占整体体积的大小有关，也与局部缺陷本身的绝缘状况有关。一般来说，局部缺陷在绝缘中占比越大，局部损伤对整体 $\tan\delta$ 影响就越大，反之亦然。

5）电介质表面的影响

与绝缘电阻和吸收比测试、泄漏电流测试一样，当空气湿度过大，或者固体绝缘表面脏污时，会大大增加绝缘损耗，产生误判。因此试验应该选在天气良好、干燥且固体绝缘表面清洁的状况下进行。

2. 试验的意义

电介质的介质损耗 $\tan\delta$ 及电容量的测试能够发现绝缘中存在的大面积整体性缺

陷（如绝缘整体受潮、绝缘材料老化），也能够发现较严重的集中性缺陷（如绝缘严重分层、贯穿性导电通道），但是对于个别不是很严重的集中性缺陷不灵敏，不容易通过该试验发现。

除此之外，对于同型号、同批次的设备，可以使用 $\tan\delta$ 来进行比较，可以判断设备绝缘的优劣；对于同一个电气设备，通过 $\tan\delta$ 与历年数据的比较，也可以掌握其绝缘性能的变化趋势。

3. 试验报告

表 3-17　变压器介质损耗角正切值测试试验报告

一、基本信息							
变电站		委托单位		试验单位		运行编号	
试验性质		试验日期		试验人员		试验地点	
报告日期		编制人		审核人		批准人	
试验天气		环境温度（℃）		环境相对湿度（%）		油温（℃）	

二、设备铭牌					
生产厂家		出厂日期		出厂编号	
设备型号		额定电压（kV）		额定容量（MVA）	
接线相别		相数		额定电流（A）	
电压组合		电流组合		容量组合	
空载电流（%）		空载损耗（kW）			
阻抗电压（%）	高—中		负载损耗（kW）	高—中	
	高—低			高—低	
	中—低			中—低	

三、试验数据			
绕组介损及电容（双绕组）			
绕组介损及电容（双绕组）	高压对低压及地	低压对高压及地	高低压对地
介损 $\tan\delta$（%）			
电容量（pF）			
20℃时介损 $\tan\delta$（%）			
电容量历史变化率（%）			

绕组介损及电容（三绕组）					
绕组介损及电容（三绕组）	高压对中、低压及地	中压对高、低压及地	低压对高、中压及地	高、中压对低压及地	高、中、低压对地
介损 $\tan\delta$（%）					
电容量（pF）					
20 ℃ 时介损 $\tan\delta$（%）					
电容量历史变化率（%）					
仪器型号					
结论					

套管试验（共体）									
套管试验（共体）	编号	厂名	型式	主绝缘电阻（MΩ）	末屏绝缘（MΩ）	介损 $\tan\delta$（%）	实测电容（pF）	铭牌电容（pF）	电容量初值差（%）
A									
B									
C									
O									
Am									
Bm									
Cm									
Om									
仪器型号									
试验方法									
结论									
备注									

（八）工作流程

表 3-18　10 kV 变压器绕组连同套管的介质损耗角正切值 tan δ 和电容量测试流程表

试验名称	10 kV 变压器绕组连同套管的介质损耗角正切值 tan δ 和电容量测试
任务描述	自设现场安全措施，正确选择、使用试验仪器、仪表，安全进行 10 kV 变压器绕组连同套管的介质损耗角正切值 tan δ 和电容量测试，清理并结束试验现场，完成试验报告，给出试验结论
考核要点及其要求	1. 检查、熟悉需用仪器、仪表、工具、资料，安全、正确进行试验接线和使用仪器、仪表和工器具； 2. 按现场工作标准化流程完成测试工作； 3. 判断试验结果，完成试验报告； 4. 若试验中严重违反操作规程，立即停止操作，考试提前结束
场地、设备、工具和材料	1. 10 kV 变压器； 2. 安全围栏已设置； 3. 试验器材：全自动介损测试仪、万用表、短接线、接地线、测试线若干、常用电工工具、绝缘手套、绝缘垫、放电棒、温度计、湿度计、围栏、"在此工作""止步，高压危险""从此进出""从此上下"标示牌 4. 考生自备工作服、绝缘鞋、安全帽、笔、计算器
危险点和安全措施	1. 正确设置安全围栏，并在相应部位悬挂"在此工作""止步，高压危险""从此进出"标示牌，在变压器爬梯上悬挂"从此上下"标示牌； 2. 防止触电伤人，试验前后对被试品充分放电，变更接线或试验结束时，应断开试验电源，再对被试设备充分放电并接地； 3. 防止测量过程中伤及试验人员，正确使用安全工器具；试验人员在全部加压过程中，应精力集中，随时警戒异常现象发生； 4. 试验接线正确，正确选择试验方法，防止损坏被试设备
考核时限	45 min

工作流程		
序号	作业名称	10 kV 变压器绕组连同套管的介质损耗角正切值 tan δ 和电容量测试
1	着装	正确佩戴安全帽，着棉质工作服，穿绝缘鞋
2	现场安全措施	按现场标准化作业进行设置、检查安全措施
3	仪器、仪表	1. 检查使用仪器、仪表是否在使用有效期内； 2. 检查使用仪器、仪表是否适合工作需要； 3. 检查试验电源电压是否与使用仪器工作电源电压相同； 4. 将温湿度计放在被试设备附近
4	放电、接地	1. 接测试线前必须对被试设备充分放电； 2. 将被试设备外壳及铁心、夹件可靠接地
5	变压器绕组连同套管的介质损耗角正切值 tan δ 和电容量测试	1. 依据试验原理进行接线，变压器高压三相绕组与中性点短接并接仪器高压端（HV），低压绕组短接可靠接地； 2. 检查试验接线，加压时取下接地线； 3. 试验人员站在绝缘垫上，加压前注意监护并大声呼唱，试验人员与带电设备保持足够的安全距离，并站在绝缘垫上； 4. 接通试验电源，选择反接法、10 kV 后开始加压，记录试验电压下的介损 tan δ 及电容量； 5. 测量完毕后，断开试验电源，将被试设备放电并接地
6	试验结束	1. 拆除试验接线，恢复被试品初始状态； 2. 清理试验现场； 3. 结束工作手续，试验人员、设备撤离现场
7	试验报告	1. 记录被试品参数、测试仪器信息； 2. 记录试验日期、试验人员、试验地点、环境温度、环境湿度等； 3. 试验数据、试验标准、试验结论
备注		

实操　110 kV 电流互感器介质损耗角正切值测试

任务 4　交流耐压试验

知识目标

能准确说出耐压试验的概念和分类；能表述外施交流耐压的原理；知道交流高压的测量方法；了解新型外施交流耐压原理；能准确阐述试验目的和意义。

技能目标

正确指出试验的危险点及预控措施；熟练使用试验所需仪器仪表和工具；正确安全进行试验接线；能在监护人监护下按现场工作标准化流程完成试验工作；能依据相关试验标准对试验结果进行分析和判断，完成试验报告。

素质目标

培养学生理论联系实际的能力以及动手操作的能力；培养学生遵章守纪，标准化操作的职业工作习惯以及良好的安全意识；培养学生劳动光荣，技能宝贵的生产意识。

一、试验原理

电气绝缘试验分为非破坏性试验与破坏性试验，非破坏性试验是指在较低的电压下，用不损伤设备绝缘的办法来判断绝缘缺陷的试验，如前文介绍的绝缘电阻和吸收比试验、介质损耗试验、泄漏电流试验等；破坏性试验是指用较高的电压来考验绝缘水平，可能会对绝缘造成一定损伤，也可称为耐压试验。应当指出的是，耐压试验只有在所有非破坏性试验合格后，才能进行，避免对绝缘造成无辜的损伤甚至击穿。

根据耐压试验的波形不同，大致可分为三类：交流耐压试验、直流耐压试验和冲击耐压试验，而交流耐压试验，其加压方法主要有两种：一种是外施交流耐压试验；一种是感应耐压试验。本任务主要介绍外施交流耐压试验的基本原理、方法与步骤。

交流耐压试验过程中，由于电压较高，会使得原来存在的绝缘缺陷进一步发展，使绝缘强度进一步降低，形成了绝缘内部劣化的积累效应，这种情况应当尽量避免。因此必须正确地选择试验电压的大小，试验电压越高，发现缺陷的有效性越高，但是设备被击穿的可能性也越大，积累效应越严重，反之试验电压越低，发现缺陷有效性越低，设备在运行过程中击穿的可能性也越大，在 GB 50150—2016 电气装置安装工程电气设备交接试验标准中，根据变压器绝缘材料可能遭受的过电压倍数，规定了相应的试验标准。

　　而设备绝缘的击穿不仅与试验电压有关，还与加压时间有关。击穿电压会随着加压时间的增加而逐渐降低。因此在各标准中均规定，如无特殊情况，交流耐压时间均为 1 min。

　　工频耐压试验能发现绝缘中危险的集中性缺陷，是检验电气设备绝缘强度最有效、最直接的方法。

（一）外施工频交流耐压原理

1. 概　述

　　所谓外施工频交流耐压试验，其基本加压原理是采用试验变压器将工频交流电压提高至所需要的试验电压，施加在被试设备上，检验被试设备在工频电压升高时绝缘的承受能力。这种加压方式是鉴定被试设备绝缘强度最有效、最直接和最简单的方法，也是最常用的方法。

2. 试验接线

　　图 3-41 为外施交流耐压试验的原理接线图，实际接线根据被试设备的要求和现场设备的具体条件来确定。

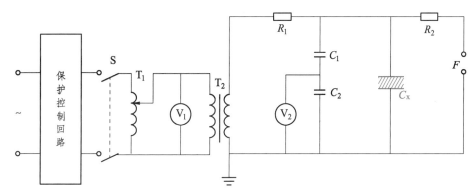

T_1—调压器；T_2—试验变压器；R_1、R_2—保护电阻；S—开关；
F—球隙；C_1、C_2—分压电容；C_X—被试设备。

图 3-41　外施工频交流耐压试验原理接线图

3. 试验设备

1）交流电源部分

　　一般小容量被试设备交流耐压试验多用 220 V 和 380 V 试验电压，对电源波形要求较高时，应选用 380 V。

2）调压器

（1）自耦调压器。

　　自耦调压器是现场常用的一种简单的调压方式，它具有体积小、质量轻、效率高、可平滑调压、波形畸变小、功耗小等优点；但是由于自耦调压器是利用移动碳刷接触调压，所以容量受限制，一般仅用于小容量试验变压器的调压，如图 3-42 所示。

（2）移圈式调压器。

　　移圈式调压器内部有一个可移动的短路绕组，通过其移动，调节输出电压从零增大至输入电压。它最大的优点是容量大，但由于其体积较大、效率低、空载电流大、波形畸变严重，所以针对小容量被试设备耐压试验时，很少使用。

（3）高压试验变压器。

用于高压试验的特制变压器，称为高压试验变压器。它与电力变压器相比较，具有以下特点：容量小、输出电压高、允许工作时间短、多工作在电容性负荷下、常短路放电、绕组一端接地、无散热装置、体积小重量轻。

（a）试验变压器   （b）自耦调压器

图 3-42　试验变压器与调压器

① 变压器额定电压：试验变压器高压输出电压额定值不应低于被试设备所需施加的最高电压，同时其低压输入侧电压应和试验现场的电源电压即调压器相配套。

② 变压器额定电流：由于被试设备大多是容性的，由被试设备的电容量可计算出试验中通过试验变压器高压绕组的电流 I_T：

$$I_T = \omega C_X U_{exp} \times 10^{-6} (\text{mA}) \tag{3-16}$$

式中　C_X——被试设备电容量（pF，可由介损测试得出）；

U_{exp}——给被试设备所施加试验电压（kV，有效值）；

ω——电源电压角频率。

因此在选择试验变压器时，其高压绕组额定电流不得低于式（3-16）计算值。

③ 变压器额定容量：通过试验电压与试验电流，可得试验变压器额定容量 S_T 为：

$$S_T = \omega C_X U_{exp}^2 \times 10^{-9} (\text{kVA}) \tag{3-17}$$

而实际上试验变压器额定容量应该尽可能大于上式计算结果，因为试验线路、试验设备本身还存在对地杂散电容电流，因此上式所估算的容量低于实际值。

4. 交流高压的测量

交流耐压试验时，准确测量试验电压是一项非常重要的环节。试验电压的测量方法包括两大类，即低压侧测量和高压侧测量。

1）低压侧测量

当被试设备电容量较小时，如断路器断口、瓷绝缘等，试验电压可以在低压侧测量。如图 3-41 中 V_1 所示，在试验变压器低压侧或测量绕组的端子上，用电压表测量低压侧电压，然后利用试验变压器变比，计算出高压侧电压：

$$U_2 = KU_1 \qquad\qquad (3\text{-}18)$$

式中　U_2——换算出的高压侧电压；

　　　U_1——低压侧测得的电压；

　　　K——高压绕组与低压绕组的变比，可通过铭牌获得。

这种测量方法简单、安全，但是准确性不高。

2）高压侧测量

对于被试设备电容量较大时，工频耐压时容易出现"容升效应"，即电路末端被试设备绝缘上所施加的电压比电路首端试验变压器高压侧高。且被试设备电容量越大，"容升效应"越严重，会给试验结果带来较大影响，为了避免这种现象的影响，对大容量设备应该尽量在高压侧直接测量电压。高压侧测量交流试验电压的方法主要有以下几种：

（1）电压互感器：在试验变压器高压侧与被试设备之间靠近被试设备并联一测量用电压互感器，在互感器低压侧接电压表或示波器测量电压，然后根据互感器变比换算出高压侧电压。这种测量方法和原理简单，精度较高，但测量电压不宜过高，否则互感器体积大、重量重、成本高，并且不宜携带和搬运。

（2）静电电压表：其原理是对两个特制的电极上施加电压 U，电极会受到静电力 F 的作用，而且 F 与 U 的数值有固定关系，设法通过测量静电力 F 带来的极板移动，便能精确得出其受力大小，从而得出所加电压 U 的大小。

需要指出的是，当它用于测量交流电压时，测得的是交流电压有效值。

静电电压表的缺点是由于无屏蔽密封措施，受外界天气影响较大，一般仅在室内使用；优点是其内阻特别大，在接入电路后对被试设备试验几乎没有影响；其次是它的测量范围特别广，空气中工作的静电电压表量程最高可达到 250 kV，SF_6 气体中工作的静电电压表量程最高可达到 600 kV。

（3）球隙：球隙测量高压的原理是在一定的大气条件下，一定直径的铜球，其放电电压取决于球隙距离，因此可以通过调节球隙距离，当出现放电的瞬间，便可得出放电电压峰值。由于只有球隙放电时，才能测出其电压，所以每次放电必然伴随跳闸，可能会引起一定程度的操作过电压，产生振荡。该方法的优点是装置结构简单，除了用于测量，还可兼做空气间隙保护试验设备，但是准确性不高，容易受外界气流、尘土等影响，使得放电分散性大，测量费时间，所以不宜在工作现场使用。

需要指出的是，当它用于测量交流电压时，测得的是交流电压峰值。

（4）电容分压测量：如图 3-41 中 V_2 所示，由高压电容 C_1 和低压电容 C_2 串联分压，由于串联电容分压与电容量成反比，因此高压电容 C_1 为小电容，低压电容 C_2 为大电容，测得 C_2 为低电压，通过分压比换算出被试设备上的高电压：

$$U_2 = \frac{C_1 + C_2}{C_1} U_1 \qquad\qquad (3\text{-}19)$$

式中　U_2——被试设备上所施加的电压；

　　　U_1——测得的低压电容 C_2 上电压；

　　　C_1——高压电容；

　　　C_2——低压电容。

这种方法结构简单、携带方便、准确度高，是目前交流耐压试验中最常用的一种测量交流高压的方法。

（二）新型外施交流耐压原理

对于高电压、大容量的电气设备，外施工频交流耐压试验有很大局限性，例如高压试验变压器过于笨重、不易搬动；试验电源容量不足；试验电压难以达到等，因此对于高电压、大容量电气设备，其交流耐压试验必须另想方法进行。

1. 采用并联电抗器补偿法

如果现场试验变压器输出电压满足要求，但输出电流太小不能满足大容量被试设备要求，可以采用并联电抗器的方法，基本原理如图 3-43 所示。

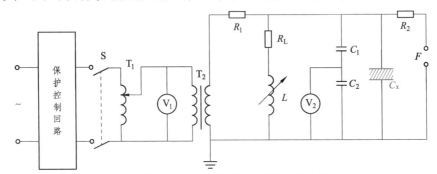

L—并联电抗器；R_L—并联电抗器有功损耗等值电阻。

图 3-43 采用并联电抗器的外施交流耐压试验原理接线图

调整并联电抗器电感值 L，使得 $\omega L = \dfrac{1}{\omega C_X}$，回路产生振荡，两支路电流可能很大，而变压器输出的总电流却可以很小，使得试验电流满足要求。

如果试验回路被试设备被击穿，则试验变压器可能会出现严重过载，造成试验设备损坏，因此，在试验变压器低压侧应当设置速断过电流保护，以保护试验变压器安全。

2. 采用串联电抗器谐振法

如果被试设备额定电压过高，现场试验变压器输出高压不能满足要求时，除了使用串极式试验变压器外，还可以采用串联电抗器谐振法来提高试验电压。基本原理如图 3-44 所示。

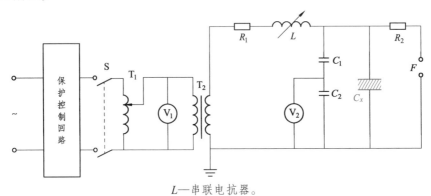

L—串联电抗器。

图 3-44 采用串联电抗器的外施交流耐压试验原理接线图

通过调整串联电抗器电感值 L，使得 $\omega L = \dfrac{1}{\omega C_X}$，可以达到谐振状态，即 $U_C = \dfrac{U}{R} X_L$。便能够在试验变压器 T_2 输出电压 U 不足时，提高被试设备两端电压 U_C。也就是说，设回路的品质因数为 Q，$Q = \dfrac{1}{\omega CR}$，则 $U_C = QU$、$P_C = QP_{in}$，即被试设备 C_X 上电压为电源电压 U 的 Q 倍。说明被试设备上获得的电压和容量均为试验变压器输出的 Q 倍，也就是说使用小容量、低电压的试验变压器就可以对大容量、高电压的设备进行试验了。

3. 采用变频串联谐振法

上述两种方法，都是调整电感值 L 达到谐振的目的，有时候调整会比较困难，达不到理想的谐振效果，通过 $\omega L = \dfrac{1}{\omega C_X}$ 可知，改变电源频率也可同样达到谐振目的。各类电气设备交流耐压所允许的频率范围各不一样，一般来说，10～300 Hz 的频率范围已经满足要求。

（三）交流耐压频率选择

目前随着新的绝缘材料的应用和科学技术的发展，电力设备交流耐压频率不能只限于 50 Hz 的工业频率，传统外施工频交流耐压频率也扩大至 45～65 Hz。所以，交流耐压试验频率选择十分重要。

（1）工频耐压试验。

若电力设备交流耐压试验频率没有特殊要求，则属于工频耐压性质，频率为 45～65 Hz。这类耐压设备有电机、变压器、高压套管、支柱绝缘子、悬式绝缘子、母线、互感器、真空断路器、低压装置等。

（2）50 Hz 耐压试验。

① 有一些电力设备交流耐压试验数据反映运行情况，频率必须为 50 Hz，如金属氧化物避雷器工频参考电压试验。

② 电力安全工器具和带电作业工器具，它们是保证人身安全的必备工具，使用在频率为 50 Hz 的交流电压下，所以其交流耐压试验必须采用相同频率，才能得出符合实际的结论。

（3）橡塑电力电缆交流耐压试验频率为 20～300 Hz。

（4）SF₆ 断路器和 GIS 装置交流耐压试验频率为 10～300 Hz。

（5）高压交流复合绝缘子人工污秽交流耐压试验频率为 48～62 Hz。

（6）变压器和电磁式电压互感器交流耐压试验，可采用 100 Hz、150 Hz、200 Hz 等，是额定频率的倍数，称为倍频感应耐压试验。由于频率太高会使铁心损耗增大，故倍频不宜大于 400 Hz。

实操 1　10 kV 配电变压器交流耐压试验

（一）工作任务

对 10 kV 变压器进行外施交流耐压试验，掌握试验危险点及预控措施、试验方法、试验步骤、结果分析，理解试验原理。

（二）引用标准

（1）《国家电网公司电力安全工作规程》（变电部分）。

（2）《电气装置安装工程 电气设备交接试验标准》（GB 50150—2016）。

（3）《国家电网公司五项通用制度 变电检测管理规定 829—2017》第 18 分册。

（4）《输变电设备状态检修试验规程》（Q/GDW1168—2013）。

（5）《现场绝缘试验实施导则 第 4 部分：交流耐压试验》（DL/T 474.4—2006）。

（三）试验条件

1. 环境要求

除非另有规定，该试验均在以下大气条件下进行，且试验期间，大气环境条件应相对稳定。

（1）环境温度不宜低于 5 ℃。

（2）环境相对湿度不宜大于 80%。

（3）现场区域满足试验安全距离要求。

2. 被试设备要求

（1）待试设备处于检修状态，且待试设备上无接地线或者短路线。

（2）设备外观清洁、干燥、无异常，必要时可对被试设备表面进行清洁或干燥处理。

（3）充油设备若经滤油或运输，耐压试验前应将试品静置规定的时间并排气，以排除内部可能残存的空气。

（4）设备上无其他外部作业。

3. 人员要求

试验人员需具备如下基本知识与能力：

（1）了解 10 kV 配电变压器相关绝缘材料、绝缘结构的性能、用途。

（2）了解 10 kV 配电变压器的型式、用途、结构及原理。

（3）熟悉本试验所用仪器、仪表的原理、结构、用途及使用方法。

（4）熟悉各种影响试验结果的因素及消除方法。

（5）经过《国家电网公司电力安全工作规程》培训，且考试合格。

4. 基本安全要求

（1）应严格执行国家电网公司《电力安全工作规程（变电部分）》的相关要求。

（2）高压试验工作不得少于两人。试验负责人应由有经验的人员担任，开始试验前，试验负责人应向全体试验人员详细布置试验中的安全注意事项，交待邻近间隔的带电部位、危险点以及其他安全注意事项。

（3）应确保操作人员及试验仪器与电力设备的高压部分保持足够的安全距离，且操作人员应使用绝缘垫。

（4）试验装置的金属外壳应可靠接地，高压引线应尽量缩短，并采用专用的高压试验线，必要时用绝缘物支挂牢固。

（5）加压前必须认真检查试验接线，使用规范的短路线，表计倍率、量程、调压器零位及仪表的开始状态，均应正确无误。

（6）因试验需要断开设备接头时，拆前应做好标记，接后应进行检查。

（7）试验装置的电源开关，应使用明显断开的双极刀闸。为了防止误合刀闸，可在刀刃上加绝缘罩。试验装置的低压回路中应有两个串联电源开关，并加装过载自动跳闸装置。

（8）试验前，应通知所有人员离开被试设备，并取得试验负责人许可，方可加压，加压过程中应有人监护并呼唱。

（9）变更接线或试验结束时，应首先断开试验电源，对升压设备的高压部分、被试品充分放电，并短路接地。

（10）试验现场出现明显异常情况时（如异音、电压波动、系统接地等），应立即停止试验工作，查明异常原因。

（11）高压试验作业人员在全部加压过程中，应精力集中，随时警戒异常现象发生。

（12）未装接地线的大电容被试设备，应先行充分放电再做试验。

（四）试验准备

1. 危险点及预控措施

表 3-19　10 kV 变压器外施交流耐压试验危险点及预控措施

危险点	描述	预控措施
高压触电	被试设备及相应套管引线均视为带 10 kV 电压；加压时仪器高压端及高压引线带高压电	（1）用围栏将被试设备与相邻带电设备（间隔）隔离，并向外悬挂"止步，高压危险"标示牌，在通道处设置唯一出入口，悬挂"从此进出"标示牌；（2）工作时至少需要两人：一人监护，一人操作，听工作负责人指挥；（3）拆、接试验接线时，应将被试设备对地充分放电，以防止剩余电荷或感应电压伤人以及影响测量结果；（4）测试前，与检修负责人协调，不允许有交叉作业，试验接线应正确牢固，试验人员应精力集中，试验人员之间应分工明确，配合默契，测量过程中要大声呼唱
低压触电	试验电源为交流 220 V，搭接试验电源注意监护	测试仪需要外接电源搭接试验电源，需要两人操作：一人监护，一人操作，听工作负责人指挥
设备损坏	未按照要求操作耐压设备，野蛮操作，或者操作耐压设备顺序错误均可能会对设备和仪器造成不同程度的损坏	禁止野蛮操作，操作过程中，必须按照正确操作顺序进行升压，若出现严重违反安规的现象，应当立即制止。工作时，至少需要两人：一人监护，一人操作，听工作负责人指挥

2．工器具及材料清单

表 3-20　10 kV 变压器外施交流耐压试验工器具及材料清单

名称	规格型号	数量	备注
接地线		若干	
测试线		若干	
裸铜线		若干	
绝缘垫		1 只	
电源盘		1 只	
万用表		1 只	
验电器	10 kV	1 只	
绝缘手套		1 双	
放电棒	10 kV	1 套	
温湿度计		1 只	
试验变压器	10 kVA/100 kV	1 台	
耐压操作控制箱		1 台	
电容分压器	FC-100	1 台	

3．试验人员分工

表 3-21　10 kV 变压器外施交流耐压试验人员分工表

序号	工作岗位	数量	职责
1	工作负责人	1	开班前会，交待工作内容、安全措施、进行危险点分析，抄写铭牌参数，指挥操作人和接线人进行测试。
2	操作人	1	检查工器具及耐压装置，对被试品进行充分放电，并操作耐压装置
3	接线人	1	接线并更改试验接线

（五）试验方法

1．一般规定

（1）有绕组的被试设备进行外施交流耐压试验时，应将被试绕组自身的所有端子短接，非被试绕组亦应短接并与外壳连接后接地。

（2）交流耐压试验加至试验标准电压后的持续时间，凡无特殊说明者，均为 1 min。

（3）升压必须从零（或接近于零）开始，切不可冲击合闸。升压速度在 75% 试验电压以前，可以是任意的，自 75% 电压开始应均匀升压，均为每秒 2% 试验电压的速率升压。耐压试验后，迅速均匀降压到零（或接近于零），然后切断电源。

2．试验接线

其基本接线图如图 3-45 所示。

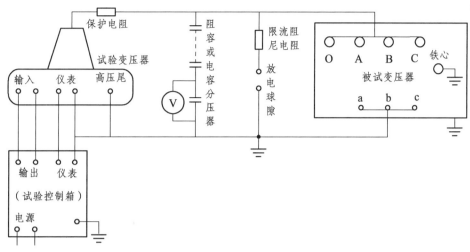

图 3-45　变压器交流耐压试验接线图

3. 试验注意事项

（1）试验用调压器避免采用移圈式调压器。

（2）试验测量用电压表应用交流峰值电压表。

（3）在试验大电容量的被试设备时，应在高压侧直接测量试验电压，并与被试设备并接球隙进行保护，必要时可在调压器输出端串接适当的电阻。

（4）试验变压器一般应在规定的额定电压范围内使用，避免使用在铁心的饱和部分，并可在试验变压器低压侧加滤波装置。

（5）可在测量仪器输入端上并联适当电压的放电管或氧化锌压敏电阻器、浪涌吸收器等，以保护测量仪表。

（6）控制电源和仪器用电源可由隔离变压器供给，或者在所用电源线上分别对地并联 0.047~1.0 μF 的油浸纸电容器。

（7）试验回路中应具备过电压、过电流保护。可在升压控制柜中配置过电压、过电流保护的测量、速断保护装置。

（8）对重要的被试设备（如变压器）进行交流耐压试验时，宜在高压侧设置保护球间隙，该球间隙的放电距离对变压器整定 1.15~1.2 倍试验电压所对应的放电距离。

（9）在更换试验接线时，应在被试设备上悬挂接地放电棒。在再次升压前，先取下放电棒，防止带接地放电棒升压。

（10）当同一电压等级不同试验标准的电气设备连在一起进行试验时，试验标准应采用连接设备中的最低标准。

（11）试验开始前，应确认试验电源的容量等参数是否满足试验要求。

5. 试验基本步骤

（1）开工前准备：

① 确认工作地点；

② 检查并补齐现场安全措施；

③ 办理工作许可手续；

④ 召开班前会，交待安全措施、危险点及注意事项；

⑤ 检查、清点工具、材料；

⑥ 查阅设备出厂试验记录。

（2）检查被试设备外观良好，正确放置温/湿度计。将被试设备断电，验明确无电压后充分放电并有效接地，并抄录现场温湿度及设备铭牌信息。

（3）被试设备在耐压试验前，应先进行其他常规试验，合格后再进行耐压试验。被试设备耐压试验接线如图 3-46 所示，并检查确认接线正确。

图 3-46　变压器交流耐压试验接线图

（4）接通试验电源，开始升压进行试验，如图 3-47 所示。升压过程中应密切监视高压回路，监听被试设备有何异响。

图 3-47　升压

（5）升至试验电压，开始计时并读取试验电压。

（6）计时结束，降压然后断开电源，并将被试设备放电并短路接地。

（7）耐压试验结束后，进行被试设备绝缘试验检查，判断耐压试验是否对试品绝缘造成破坏。油浸式设备耐压后应进行油色谱分析。

（六）相关规程要求

1.《电气装置安装工程电气设备交接试验标准》（GB 50150—2016）

（1）额定电压在 110 kV 以下的变压器，线端试验应按表 3-22 进行交流耐压试验；

表 3-22 变压器交流耐压试验电压

系统标称电压/kV	设备最高电压/kV	交流耐受电压	
		油浸式电力变压器	干式电力变压器
≤1	≤1.1		2
3	3.6	14	8
6	7.2	20	16
10	12	28	28
15	17.5	36	30
20	24	44	40
35	40.5	68	56
66	72.5	112	
110	126	160	

（2）绕组额定电压为 110 kV 及以上的变压器，其中性点应进行交流耐压试验，试验耐受电压除应符合表 3-23 的规定，还应符合下列规定：

表 3-23 变压器交流耐压试验电压

系统标称电压/kV	设备最高电压/kV	中性点接地方式	出厂交流耐受电压/kV	交接交流耐受电压/kV
110	126	不直接接地	95	76
220	252	直接接地	85	68
		不直接接地	200	160
330	363	直接接地	85	68
		不直接接地	230	184
500	550	直接接地	85	68
		不直接接地	140	112
750	800	直接接地	150	120

① 试验电压波波形应接近正弦，试验电压值应为测量电压峰值除以 $\sqrt{2}$，试验时应在高压端监测。

② 外施电压试验电压的频率不应低于 40 Hz，全电压下耐受时间应为 60 s。

2. 国家电网公司五项通用制度

（1）试验中如无破坏性放电发生，且耐压前后的绝缘电阻无明显变化，则认为耐压试验通过。

（2）在升压和耐压过程中，如发现电压表指示变化很大；电流表指示急剧增加；调压器往上升方向调节，电流上升、电压基本不变甚至有下降趋势；被试设备冒烟、出气、焦臭、闪络、燃烧或发出击穿响声（或断续放电声）；应立即停止升压，降压、停电后查明原因。

这些现象如查明是绝缘部分出现的，则认为被试设备交流耐压试验不合格。如确定被试设备的表面闪络是由于空气湿度或表面脏污等所致，应将被试设备清洁干燥处理后，再进行试验。

（3）被试设备为有机绝缘材料时，试验后如出现普遍或局部发热，则认为绝缘不良，应立即处理后，再做耐压。

（4）试验中途因故失去电源，在查明原因，恢复电源后，应重新进行全时间的持续耐压试验。

（七）试验数据分析、处理及试验意义

1. 试验异常分析

1）仪表指示异常

（1）若当调压器加上电源，电压表就有指示，可能是调压器不在零位。若此时电流表出现异常读数，可能是由于调压器输出侧有短路的情况。

（2）调节调压器，电压表无指示，可能是自耦调压器碳刷接触不良，或电压表回路不通，或变压器一次绕组、测量绕组断线。

（3）试验过程中，电流表指示突然上升或突然下降，或电压表指示突然下降，都是被试设备被击穿的象征。

2）放电或击穿声音异常

（1）在升压阶段或耐压阶段，发生很像金属碰撞的清脆响亮的"当当"放电声，重复试验时，放电依然存在，通常是由于油隙距离不够或电场畸变造成的油隙击穿发出的。

（2）放电声音也是清脆的"当当"声，但是声音小，仪表摆动不大，重复试验时，放电现象消失，这种现象是由于油隙中存在气泡造成的放电。

（3）放电声音是"噗~""吱~"等沉闷的响声，电流表立刻偏转至最大值，往往是由于油隙内部固体表面沿面放电引起的。

（4）设备内部有炒豆子一般的声音，电流表指示很稳定，可能是悬浮金属件对地放电引起的。如变压器铁心没有通过金属板与夹件连接，而是在电场中悬浮，当静电感应产生一定电压时，铁心就会对接地夹件放电。

（5）在试验过程中，由于空气湿度或被试设备表面脏污的影响，引起外部沿面放电，不应视为被试设备不合格，而应对其表面进行清洁、烘干处理后，再进行耐压试验。

（6）在试验过程中，由于被试设备表面绝缘损坏、老化、裂纹等原因造成的沿面放电，应当视为不合格。

2. 试验的意义

虽然对电气设备进行的一系列非破坏性试验，能够发现一部分绝缘缺陷，但由于非破坏性试验电压比较低，对于某一些集中性缺陷反映不灵敏，而这些集中性缺陷在运行中可能会逐渐发展为影响设备安全的严重隐患。因此，为了更灵敏、更有效地检测设备绝缘存在的集中性缺陷，考验其承受各种电压的能力，就必须对被试设备进行耐压试验。

耐压试验中的交流耐压试验主要是为了考验设备绝缘在交流过电压作用下的承受能力。除了交流耐压外，还有冲击耐压试验和直流耐压试验，分别考验设备绝缘在冲击过电压作用下和直流过电压作用下的承受能力。

3. 试验报告

表 3-24　变压器交流耐压试验报告

一、基本信息							
变电站		委托单位		试验单位		运行编号	
试验性质		试验日期		试验人员		试验地点	
报告日期		编制人		审核人		批准人	
试验天气		环境温度（℃）		环境相对湿度（%）		油温（℃）	

二、设备铭牌					
生产厂家		出厂日期		出厂编号	
设备型号		额定电压（kV）		额定电流（A）	
接线组别		相数		额定容量（MVA）	
电压组合		电流组合		容量组合	
空载电流（%）		空载损耗（kW）			
阻抗电压（%）	高—中		负载损耗（kW）	高—中	
	高—低			高—低	
	中—低			中—低	

三、试验数据					
交流耐压	高压对中低压及地	中压对高低压及地	低压对高中压及地	高中压对低压及地	平衡对高中低压及地
试验电压（kV）					
试验频率（Hz）					
试验时间（s）					
电流（mA）					
结果					
仪器型号					
结论					
备注					

（八）工作流程

表 3-25　10 kV 变压器高压侧外施交流耐压试验流程表

考核项目	10 kV 变压器高压侧外施交流耐压试验
任务描述	自设现场安全措施，正确选择、使用试验仪器、仪表，安全进行 10 kV 变压器高压侧外施交流耐压试验，试验结束清理试验现场，对测试结果分析、判断，得出准确的结论并完成试验报告
要点及其要求	1. 根据任务要求检查、熟悉需用仪器、仪表、工具、资料。安全、正确进行试验接线和使用仪器、仪表和工器具； 2. 按现场工作标准化流程完成测试工作； 3. 判断试验结果，完成试验报告； 4. 若试验中严重违反操作规程，立即停止操作，考试提前结束
场地、设备、工具和材料	1. 10 kV 变压器； 2. 安全围栏已设； 3. 试验器材：交流耐压装置（成套）、万用表、电源线、放电棒、绝缘手套、绝缘垫、短路线、接地线、测试线若干、温湿度计、常用电工工具、围栏、"在此工作""止步，高压危险""从此进出""从此上下"标示牌； 4. 考生自备工作服、绝缘鞋、安全帽、笔、计算器等
危险点和安全措施	1. 正确设置安全围栏，并在相应部位悬挂"在此工作""止步，高压危险""从此进出"标示牌，在变压器爬梯上悬挂"从此上下"标示牌； 2. 防止触电伤人，试验前后对被试品充分放电，变更接线或试验结束时，应断开试验电源，并将升压设备的高压部分放电、短路接地； 3. 防止测量过程中伤及试验人员，正确使用安全工器具，高处作业应系好安全带；试验人员在全部加压过程中，应精力集中，随时警戒异常现象发生； 4. 试验接线正确，正确选择试验方法，防止损坏被试设备
考核时限	60 min

工作流程		
序号	作业名称	10 kV 变压器高压侧外施交流耐压试验
1	着　装	正确佩戴安全帽，着棉质工作服，穿绝缘鞋
2	现场安全措施	按现场标准化作业进行设置、检查安全措施
3	仪器、仪表	1. 检查使用仪器、仪表是否在使用有效期内； 2. 检查使用仪器、仪表是否适合工作需要； 3. 检查试验电源电压是否与使用仪器工作电源电压相同； 4. 温湿度计摆放
4	放电、接地	1. 接测试线前必须对被试设备充分放电并挂上临时接地线； 2. 将被试设备外壳及铁心、夹件接地可靠
5	确定设置过压保护、过流保护值	1. 确定试验电压； 2. 确定设置试验过压保护值和过流保护值； 3. 检查操作箱调压器回零位

序号	作业名称	10 kV 变压器高压侧外施交流耐压试验
6	变压器外施交流耐压试验	1. 依据试验原理进行接线，仪器测试线正确连接，变压器高压侧三相绕组和中性点短接接至仪器高压输出端，低压绕组短路与外壳、夹件、铁心连接并接地； 2. 检查试验接线，加压时取下接地线； 3. 试验人员站在绝缘垫上，加压前注意监护并大声呼唱，试验人员与带电部位保持足够的安全距离； 4. 按仪器操作要求接通试验电源，升压速度在 75%试验电压之前可以任意，自 75%电压开始应均匀升压，以每秒 2%试验电压的速度升压，达到试验电压后，保持 60 s； 5. 测量完毕后降压到零位，断开试验电源，对被试设备充分放电并接地
7	试验结束	拆除试验接线，恢复被试品初始状态，清理试验现场，结束工作手续，试验人员、设备撤离现场
8	试验报告	包括：被试设备铭牌参数、检测仪器型号、试验日期、试验人员、试验地点、温度、湿度、试验数据、试验标准、试验结论
备注		

实操　10 kV 真空断路器交流耐压试验

项目 4　电气设备特性试验

"绝缘试验"中介绍到，电气试验第一类为绝缘试验，第二类为特性试验，主要是针对电气设备的电气导电部分和机械部分进行测试。本项目主要介绍油浸式电力变压器、断路器的部分特性试验，包括直流电阻试验、变压器空载试验、变压器短路试验、断路器回路电阻测试等。

任务 1　直流电阻试验

知识目标

能准确描述变压器直流电阻试验原理；能阐述试验目的和意义。

技能目标

正确指出试验的危险点及预控措施；熟练使用试验所需仪器仪表和工具；正确安全进行试验接线；能在监护人监护下按现场工作标准化流程完成试验工作；能依据相关试验标准对试验结果进行分析和判断，完成试验报告。

素质目标

培养学生理论联系实际的能力以及动手操作的能力；培养学生遵章守纪，标准化操作的职业工作习惯以及良好的安全意识；培养学生劳动光荣，技能宝贵的生产意识。

一、试验原理

（一）试验目的

变压器绕组的直流电阻试验是变压器试验中既简单又重要的一个试验项目。它能够通过测试变压器绕组连同套管的直流电阻，检查变压器绕组接头的焊接质量和绕组有无匝间短路；电压分接开关的各个位置接触是否良好以及分接开关实际位置与指示位置是否相符；引出线有无断裂；多股导线并绕的绕组是否有断股等情况。

（二）试验物理过程

被试变压器绕组可视为其电感值 L 与电阻值 R 串联的等值电路，用直流电压给绕组加压，当时间取无穷时，测得电压除以电流所得电阻，即为绕组直流电阻，如图 4-1 所示。

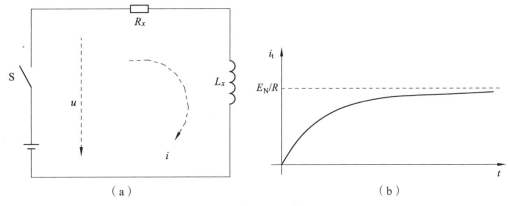

图 4-1　直流电阻测试原理图

当开关合上，直流电源电压 E_N 施加在绕组两端时，由于电感电流不能突变，所以电源接通一瞬间，回路电流为零，即 $t = 0$ 时，$I = 0$。此时电阻上没有压降，外施电压完全加在电感两端，其过渡过程应满足下式：

$$u = iR + L\frac{\mathrm{d}i}{\mathrm{d}t}$$

$$i = \frac{E_N}{R}(1 - \mathrm{e}^{-\frac{t}{\tau}})$$

（4-1）

式中　E_N——外施直流电压；

　　　R——绕组直流电阻；

　　　L——绕组电感；

　　　i——通过绕组的实时电流；

　　　u——绕组两端实时电压；

　　　τ——时间常数。

从上式可知，电路达到稳定所需时间长短，取决于 $\tau = \dfrac{L}{R}$，即该电路的时间常数。由于大型变压器的 τ 值比小容量变压器大得多，所以大型变压器达到稳定需要相当长的时间。

通常来说，$t = 5\tau$ 时，电流已经超过稳定值的 99%，此时可以认为电路已经稳定，但对于精度要求较高时，电感充电时间应该达到至少 6τ。

实操 1　10 kV 配电变压器直流电阻测试

（一）工作任务

用成套直流电阻测试仪对 10 kV 配电变压器进行直流电阻试验，掌握试验危险点及预控措施、试验方法、试验步骤、结果分析，理解试验原理，并且能正确完成试验项目的接线、操作及测量。

（二）引用标准

（1）《国家电网公司电力安全工作规程》（变电部分）。

（2）《电气装置安装工程 电气设备交接试验标准》（GB 50150—2016）。

（3）《国家电网公司五项通用制度 变电检测管理规定 829—2017》第 22 分册。

（4）《输变电设备状态检修试验规程》（Q/GDW1168—2013）。

（5）《电力变压器试验导则》（JB/T501—2021）。

（三）试验条件

1. 环境要求

除非另有规定，该试验均在以下大气条件下进行，且试验期间，大气环境条件应相对稳定。

（1）环境温度不宜低于 5 ℃。

（2）环境相对湿度不宜大于 80%。

（3）现场区域满足试验安全距离要求。

2. 被试设备要求

（1）设备处于检修状态。

（2）设备外观清洁、干燥、无异常。

（3）设备上无其他外部作业。

3. 人员要求

试验人员需具备如下基本知识与能力：

（1）了解 10 kV 配电变压器的型式、用途、结构及原理。

（2）熟悉本试验所用仪器、仪表的原理、结构、用途及使用方法。

（3）熟悉各种影响试验结果的因素及消除方法。

（4）经过《国家电网公司电力安全工作规程》培训，且考试合格。

4. 基本安全要求

（1）应严格执行国家电网公司《电力安全工作规程（变电部分）》的相关要求。

（2）试验工作不得少于两人。试验负责人应由有经验的人员担任，开始试验前，试验负责人应向全体试验人员详细布置试验中的安全注意事项，交待邻近间隔的带电部位、危险点以及其他安全注意事项。

（3）应确保操作人员及试验仪器与电力设备的高压部分保持足够的安全距离。

（4）试验装置的金属外壳应可靠接地，高压引线应尽量缩短，并采用专用的高压试验线，必要时用绝缘物支挂牢固。

（5）试验前，应通知所有人员离开被试设备，并取得试验负责人许可，方可加压。加压过程中应有人监护并呼唱。

（6）变更接线或试验结束时，应首先断开试验电源，并将升压设备的高压部分及被试设备充分放电，并短路接地。

（7）试验现场出现明显异常情况时（如异音、电压波动、系统接地等），应立即中断加压，停止试验工作，查明异常原因。

（8）未装接地线的大电容被试设备，应先行放电再做试验。

（四）试验准备

1. 危险点及预控措施

表 4-1　10 kV 配电变压器直流电阻试验危险点及预控措施

危险点	描述	预控措施
高压触电	被试设备及相应套管引线均视为带 10 kV 电压	（1）用围栏将被试设备与相邻带电设备（间隔）隔离，并向外悬挂"止步，高压危险"标示牌，在通道处设置唯一出入口，悬挂"从此进出"标示牌；（2）工作时至少需要两人：一人监护，一人操作，听工作负责人指挥；（3）拆、接试验接线时，应将被试设备对地充分放电，以防止剩余电荷或感应电压伤人以及影响测量结果；（4）测试前，与检修负责人协调，不允许有交叉作业，试验接线应正确牢固，试验人员应精力集中，试验人员之间应分工明确，配合默契，测量过程中要大声呼唱
低压触电	试验电源为交流 220 V，搭接试验电源注意监护	搭接试验电源需要两人操作：一人监护，一人操作，听工作负责人指挥
设备损坏	未按照要求操作直流电阻测试仪，野蛮操作可能会对设备和测试仪造成不同程度的损坏	送电前应由负责人仔细检查接线，试验中若出现违反安规的现象，应当立即制止。工作时，至少需要两人：一人监护，一人操作，听工作负责人指挥

2. 工器具及材料清单

表 4-2　10 kV 配电变压器直流电阻试验工器具及材料清单

名称	规格型号	数量	备注
接地线		若干	
电源盘		1	
测试线		若干	
绝缘手套	高压	1 双	
放电棒	10 kV	1 只	
温湿度计		1 只	
验电器	10 kV	1 只	
万用表		一只	
绝缘垫		1 张	
直流电阻测试仪	BZD-Ⅱ	1 套	

3. 试验人员分工

表 4-3　10 kV 配电变压器直流电阻试验人员分工表

序号	工作岗位	数量	职责
1	工作负责人	1	开班前会，交待工作内容、安全措施、进行危险点分析，抄写铭牌参数，指挥操作人和接线人进行测试
2	操作人	1	检查工器具，对被试品进行放电，操作直流电阻测试仪
3	接线人	1	接线并更改试验接线

（五）试验方法

1. 试验接线

本次试验接线如图 4-2 所示。

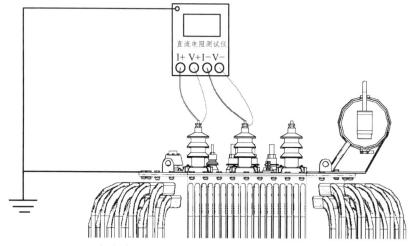

（a）直流电阻测试接线图（高压侧 R_{AB}）

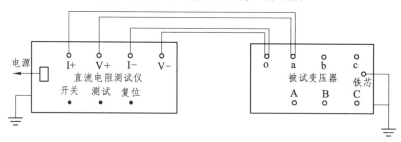

（b）直流电阻测试原理图（低压侧 R_{a0}）

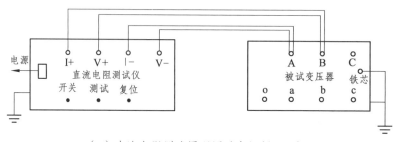

（c）直流电阻测试原理图（高压侧 R_{AB}）

图 4-2　试验接线

10 kV 配电变压器高压侧若无中性点引出线时，仅能测出 R_{AB}，还需要通过测试 R_{BC}，R_{CA} 后，方可计算出各绕组电阻。测量低压侧时，由于有中性点引出线，则可以直接测出 R_{a0}，R_{b0}，R_{c0}。

2. 试验注意事项

（1）变压器各绕组的电阻应分别在各绕组的线端上测量；三相变压器绕组为 Y 联结无中性点引出时，应测量其线电阻，例如 AB、BC、CA；如有中性点引出时，应测量其相电阻，例如 AO、BO、CO；绕组为三角形联结时，首末端均引出的应测量其相电阻；封闭三角形的试品应测定其线电阻。

（2）连接导线（电流线）应有足够截面，且接触必须良好。

（3）绕组电阻测定时，应记录绕组温度。

（4）为了与出厂及历次测量的数据比较，应将不同温度下测量的数值比较，将不同温度下测量的直流电阻换算到同一温度，以便比较。

（5）测试前对地充分放电，并解除设备外接线。

（6）变压器经受近区出口短路后测试结果应与历史数据进行比对。

（7）试验过程中不得随意断开总电源，否则产生的反向感应电压足以损坏电源。

3. 试验基本步骤

（1）开工前准备：

① 确认工作地点；

② 检查并补齐现场安全措施；

③ 办理工作许可手续；

④ 召开班前会，交待安全措施、危险点及注意事项；

⑤ 检查、清点工具、材料，如图 4-3 所示。

⑥ 查阅设备出厂试验记录。

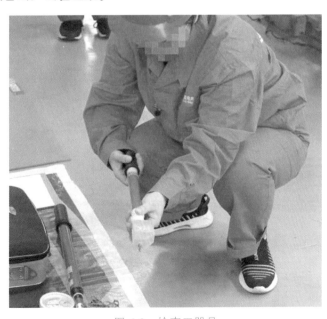

图 4-3　检查工器具

154

（2）进行试验

（1）测量前记录被试设备实时温度及空气相对湿度。

（2）检查被试设备外观良好，正确放置温/湿度计。将被试设备断电，验明确无电压后充分放电并有效接地，如图4-4（a）（b）所示，并抄录现场温湿度及设备铭牌信息，记录分接开关位置，如图4-4（c）所示。

（a）验电　　　　　　　　　　　（b）放电

（c）抄写铭牌

图4-4　被试品验电、放电、抄录铭牌

③ 检查直流电阻测试仪是否正常；

④ 对仪器、设备进行接线，负责人负责检查接线正确性。

（3）根据被试设备类型及内部结构选择相应的接线方式，被试设备试验接线并检查确认接线正确，如图4-5所示。

图4-5　被试变压器接线

（4）选择合适的测试电流，开始加压，待数据稳定后读取并记录试验数据，如图4-6所示。

（5）复位放电后降压至零，然后断开电源，充分放电后拆除接线，恢复被试设备试验前接线状态，结束试验。

（6）切换分接开关位置，以同样的方法测试其他挡位的绕组直流电阻值。

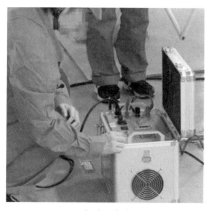

（a）测试　　　　　　　　　　　　（b）记录

图 4-6　测试并记录数据

（六）相关规程要求

1.《电气装置安装工程电气设备交接试验标准》（GB 50150—2016）

（1）测量应在各分接挡所有位置上进行。

（2）1.6 MVA 及以下三相变压器，各绕组相互间差别不应大于4%；无中性点引出线的绕组，线间相互间差别不应大于 2%；1.6 MVA 以上变压器，各相绕组相互间差别不应大于2%；无中性点引出线的绕组，线间相互间差别不应大于1%。

（3）变压器的直流电阻，与同温下产品出场实测数值比较，相应变化不应大于2%；不同温度下电阻值应按下文中计算。

（4）由于变压器结构等原因，差值超过"第（2）条"所规定时，可仅按"第（3）条"进行比较，但应说明原因。

（5）无励磁调压变压器送电前最后一次测量，应在使用的分接挡位锁定后进行。

（6）由于变压器设计原因导致的直流电阻不平衡率超标，说明原因后不作为质量问题。

（7）测量温度以顶层油温为准，变压器的直流电阻与同温下产品出厂数据和过往数据比较，测量值的变化趋势应一致。

2. 国家电网公司五项通用制度

（1）1.6 MVA 以上变压器，各相绕组电阻相间的差别，不大于三相平均值的2%；无中性点引出的绕组，线间差别不应大于三相平均值的1%。

（2）1.6 MVA 及以下变压器，相间差别一般不大于三相平均值的 4%；线间差别一般不大于三相平均值的2%。

（3）在扣除原始差异之后，同一温度下各绕组电阻的相间差别或线间差别不大于2%。

（4）同相初值差不超过 ±2%。

（七）试验数据分析、处理及试验意义

1. 试验数据处理

1）试验数据比较分析

分析时每次所测电阻值都应换算至同一温度下进行比较，有标准值的按标准值进行判断，若比较结果虽未超标，但每次测量数值都有所增加，这种情况也须引起注意；在设备未明确规定最低值的情况下，将结果与有关数据比较，包括同一设备的各相的数据，同类设备间的数据，出厂试验数据，经受不良工况前后，与历次同温度下的数据比较等，结合其他试验综合判断。

2）电阻值温度换算及三相不平衡率计算

测试后对结果分析须进行电阻值换算，主要有不同温度下电阻换算、线电阻与相间电阻换算等。

（1）绕组直流电阻温度换算：

$$R_2 = R_1 \times \frac{(T + t_2)}{(T + t_1)} \qquad (4\text{-}2)$$

式中　　R_1——温度在 t_1 时的电阻值；

R_2——温度在 t_2 时的电阻值；

T——计算用常数，铜导线取 235，铝导线取 225。

（2）三相电阻不平衡率计算；计算各相相互间差别应先将测量值换算成相电阻，计算线间差别则以各线间数据计算：

$$不平衡率 = \frac{(R_{max} - R_{min})}{\overline{R}} \times 100\% \qquad (4\text{-}3)$$

式中　　R_{max}——三相电阻实测最大值；

R_{min}——三相电阻实测最小值；

$\overline{R}$——三相电阻算术平均值。

（3）绕组无中性点引出线时，应在测量后分别计算出三相各自电阻：

当绕组为星形接线时：

$$\begin{cases} R_a = \dfrac{(R_{ab} + R_{ca} - R_{bc})}{2} \\[2mm] R_b = \dfrac{(R_{ab} + R_{bc} - R_{ca})}{2} \\[2mm] R_c = \dfrac{(R_{ca} + R_{bc} - R_{ab})}{2} \end{cases} \qquad (4\text{-}4)$$

当绕组为三角形接线（a-y，b-z，c-x）时：

$$\begin{cases} R_a = (R_{ca} - \overline{R}) - \dfrac{R_{ab} \times R_{bc}}{R_{ca} - \overline{R}} \\[2mm] R_b = (R_{ab} - \overline{R}) - \dfrac{R_{bc} \times R_{ca}}{R_{ab} - \overline{R}} \\[2mm] R_c = (R_{bc} - \overline{R}) - \dfrac{R_{ca} \times R_{ab}}{R_{bc} - \overline{R}} \end{cases} \qquad (4\text{-}5)$$

式中　R_a、R_b、R_c——三相相电阻实测值；

$\quad\quad\quad R_{ab}$、R_{bc}、R_{ca}——三相线电阻实测值；

$\quad\quad\quad \overline{R}$——三相线电阻算术平均值。

2. 试验不合格原因

三相电阻不平衡，或者实测值与初始值偏差过大，导致试验不合格，其原因主要有以下几种：

（1）未记录温度并进行换算，导致试验结果偏大或偏小；

（2）变压器套管中导电杆和内部引线紧固不紧，接头接触电阻偏大；

（3）分接开关内部不够清洁、电镀脱落、弹簧压力不够等原因，造成个别分接头接触电阻偏大；

（4）大容量变压器低压绕组采用双螺旋或四螺旋式，由于螺旋间导线互移，引起每相绕组电阻不平衡；

（5）由于引线和绕组焊接质量不良，或多股并绕绕组的一股或几股未焊接上，造成接触电阻偏大；

（6）电阻相间差在出厂时已经超过规定；

（7）错误的测量接线或试验方法；

（8）变压器低压绕组引线三相长短不一致，造成绕组直流电阻不平衡，超出上文规程要求。

3. 试验意义

由于变压器安装完成投入运行后，内部导体由绝缘介质密封，无法直观判断其内部导体缺陷，因此要定期进行直流电阻测试来判断其导体状况，该试验主要能够发现绕组以下问题：

（1）焊接质量；

（2）各分接位置接触是否良好；

（3）绕组与引出线连接是否良好；

（4）绕组、引出线有无折断；

（5）层、匝间有无短路现象；

（6）多股导线并绕的绕组是否有断股等情况。

4. 试验报告模板

表 4-4　变压器直流电阻试验报告

一、基本信息						
变电站		委托单位		试验单位		运行编号	
试验性质		试验日期		试验人员		试验地点	
报告日期		编制人		审核人		批准人	
试验天气		环境温度（℃）		环境相对湿度（%）		绕组温度（℃）	

二、设备铭牌					
生产厂家		出厂日期		出厂编号	
设备型号		额定电压（kV）		额定电流（A）	
接线组别		相数		额定容量（MVA）	
电压组合		电流组合		容量组合	
空载电流（%）		空载损耗（kW）			

三、试验数据							
相别 分接	高压（Ω）						
	AB	75 ℃阻值	BC	75 ℃阻值	CA	75 ℃阻值	不平衡率（%）
1							
2							
3							
相别	低压						
	a0	75 ℃阻值	b0	75 ℃阻值	c0	75 ℃阻值	不平衡率（%）
低压侧直阻（Ω）							
仪器型号							
结论							
备注							

（八）工作流程

表 4-5　10 kV 变压器直流电阻测试流程表

试验名称	10 kV 变压器直流电阻测试
任务描述	自设现场安全措施，正确选择、使用试验仪器、仪表，安全进行变压器某档位下高低压绕组的直流电阻测试，清理并结束试验现场，对测试结果计算、分析、判断，完成试验报告
要点及其要求	1. 熟悉变压器直流电阻测试原理；变压器直流电阻测试前的准备工作和相关安全、技术措施、测试方法、技术要求；能够进行变压器绕组连同套管的直流电阻测试工作，并能够进行综合分析判断测试结果； 2. 若试验中严重违反操作规程，立即停止操作，考试提前结束
场地、设备、工具和材料	1. 被试品：10 kV、30~50 kVA 变压器； 2. 安全围栏已设，10 kV 变压器未放电、接地； 3. 试验器材：双臂电桥、单臂电桥、万用表、变压器直流电阻测试仪、温度计、湿度计、单相电源线、刀闸、接地线、放电棒、绝缘手套、围栏、"在此工作""止步，高压危险""从此进出"标示牌、测试线若干、安全帽，常用电工工具； 4. 考生自备工作服、绝缘鞋、安全帽、常用电工工具、笔、计算器等

危险点和 安全措施	1. 悬挂"在此工作""止步，高压危险""从此进出"标示牌； 2. 防止触电伤人； 3. 防止测量时伤及工作人员； 4. 防止测量时伤及试验人员
考核时限	**60 min**
工作流程	

序号	作业名称	10 kV 变压器直流电阻测试
1	着装	正确佩戴安全帽，着棉质工作服，穿绝缘鞋
2	现场安全措施	按现场标准化作业进行设置、检查安全措施
3	仪器、仪表检查及温湿度计摆放	1. 检查使用仪器、仪表是否在使用有效期内； 2. 检查使用仪器、仪表是否适合工作需要； 3. 检查试验电源电压是否与使用仪器工作电源电压相同； 4. 温湿度计正确摆放
4	放电、接地	1. 接测试线前必须对变压器充分放电（放电时间不小于5分钟）； 2. 将被试设备外壳可靠接地
5	直流电阻测量	1. 正确选择仪器，取下接地线； 2. 正确、安全地接好测试线路，测量步骤清晰、操作熟练、记录正确、完整、规范，使用仪器正确，熟练，更换试验接线须对被测绕组充分放电； 3. 依次对高压绕组、低压绕组直流电阻进行测量，变更试验接线时必须对被试部位放电； 4. 记录分接开关挡位； 5. 试验前应大声呼唱
6	试验结束	1. 拆除试验接线，恢复被试品初始状态； 2. 清理试验现场； 3. 试验人员、设备撤离现场，结束工作手续
7	试验报告	1. 被试设备铭牌参数及测试仪器型号； 2. 试验日期、试验人员、试验地点、温度、湿度； 3. 试验数据、试验标准、试验结论（要求：写出计算出不平衡系数过程）
备注		

任务 2　空载试验与短路试验

知识目标

能正确复述变压器空载状态和短路状态物理过程；能正确阐述试验目的和意义；能正确选用参数计算公式。

技能目标

正确指出试验的危险点及预控措施；熟练使用试验所需仪器仪表和工具；正确安全进行试验接线；能在监护人监护下按现场工作标准化流程完成试验工作；能依据相关试验标准对试验结果进行分析和判断，完成试验报告。

素质目标

培养学生理论联系实际的能力以及动手操作的能力；培养学生遵章守纪，标准化操作的职业工作习惯以及良好的安全意识；培养学生劳动光荣、技能宝贵的生产意识。

一、空载试验原理

（一）变压器空载运行状态

当变压器一次绕组接入额定频率、额定电压的交流电源，二次绕组开路，变压器无电能输出，此时的运行状态称为空载运行。如图 4-7 所示。

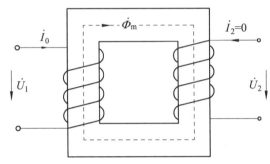

图 4-7　理想单相变压器空载示意图

此时一次绕组中有电流流过，称为空载电流 I_0（或励磁电流）。该电流在铁心中产生交变磁通，该磁通大部分穿过整个铁心，在一次侧、二次侧均产生感应电动势。

在此过程中，空载电流 I_0 包含两个分量：其一是励磁分量，理想的单相变压器空载时，示意图如图 4-7 所示。当二次侧开路，一次侧接上电源 U_1 后，该绕组中便有电流，任务是建立主磁通，在二次侧产生感应电动势，为一纯无功电流，理论上无损耗。其二是损耗分量，包含铁损耗和少量铜损耗及附加损耗，铁损耗是铁心中产生的磁滞损耗和涡流损耗；铜损耗是空载电流流过绕组时直流电阻所产生的电阻损耗；附加损耗是铁损耗和铜损耗以外的损耗，如变压器引线损耗、测量线路损耗、试验表计损耗等，此损耗分量为一有功分量。

（二）试验目的

变压器的空载试验，也称为"空载电流试验"、"空载损耗试验"或"开路试验"，是指从变压器任意一端绕组施加正弦交流、额定频率的额定电压波，在其他绕组开路的情况下，测量变压器加压侧电流与损耗的试验。

其中空载电流为实测的空载电流 I_0 占该侧额定电流 I_n 的百分比来表示，记为：

$$I_0\% = \frac{I_0}{I_n} \times 100\% \tag{4-6}$$

变压器空载损耗主要是铁损耗，除此之外，还包括少量铜损耗和附加损耗。试验表明，变压器空载损耗中的铜损耗即附加损耗不超过总损耗的 3%。

空载电流的大小，取决于变压器的容量、铁心的构造、铁心硅钢片的材质、铁心的制造工艺等。电力变压器容量在 2 000 kVA 以上时，空载电流占总额定电流的 0.6%~2.4%；中小型变压器的空载电流占总额定电流的 4%~16%。

根据铁损耗经验公式可知，运行与额定频率下的变压器，其铁心损耗近似与电源电压平方成正比。可见，当电源电压 U_1 不变时，变压器的铁损耗大小是恒定的，即空载电流 I_0 是一定的，不随负载变化而变化。

因此，空载试验的主要目的是发现变压器磁路中的铁心硅钢片局部绝缘不良或整体缺陷，如铁心多点接地、硅钢片整体老化等；根据耐压试验前后两次空载试验所得空载损耗比较，还可以判断绕组是否有匝间击穿情况。除此之外，在电力系统中电力变压器使用量很大，减少空载损耗也具有重要的经济意义。

二、短路试验原理

（一）变压器负载运行状态

当变压器一次绕组接入额定频率、额定电压的交流电源，二次绕组接入负载，有负载电流流过，功率从一次侧传递到二次侧，称为变压器的负载运行状态，如图4-8所示。

与空载状态不同，此时二次侧的二次电流 I_2 不为零，会产生磁动势，作用于主磁通上，也会使得一次侧电流从 I_0 上升为 I_1，原来的平衡遭到破坏。

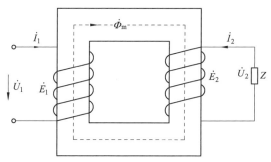

图 4-8　理想单相变压器负载示意图

（二）变压器短路运行状态

当二次侧短路时，即 $Z = 0$ 时，U_2 为零，此时输出功率为零，但此时输入电压 U_1 很小，但不为零，$I_1 = I_{1N}$ 亦不为零，因此，输入功率不为零，此输入功率称为变压器短路损耗，记为 P_k。

$P_k = P_{Cu} + P_{Fe}$，其中 P_{Cu} 为变压器一、二次绕组损耗（也称为铜损耗），P_{Fe} 为变压器的附加损耗（也称为铁损耗）。绕组损耗即电流流过导体出现的发热损耗，与电流大小平方成正比，短路试验时，一、二次电流均为额定电流，铜损也与额定运行时的值相同。附加损耗大小与磁通大小平方成正比，而磁通与电源电压大小成正比，在变压器短路试验时，电源短路电压 U_k 一般为额定电压的 4%~15%，此时铁损非常小，对于小容量变压器通常可以忽略不计。

实际测量时，将变压器一侧绕组短路（通常为低压侧），从另一侧绕组（分接头在额定电压位置上）加入额定频率的交流电压，使变压器绕组内的电流为额定值，测得此时所加电压和功率，这一试验即为变压器的短路试验。

将测得的有功功率换算至额定温度下的值称为变压器的短路损耗。所加电压 U_k 称为阻抗电压，通常以占加压绕组额定电压的百分数表示：

$$U_k\% = \frac{U_k}{U_N} \times 100\% \tag{4-7}$$

（三）试验目的

变压器短路试验也称为短路阻抗测试，能测量变压器短路损耗 P_k、短路电压（或叫阻抗电压）U_k，该试验有以下作用：

（1）确定变压器并列运行条件；

（2）为校验变压器动稳定性、热稳定性提供数据；

（3）短路阻抗的变化还可以判断变压器绕组是否变形；

（4）确定变压器温升；

（5）确定变压器二次电压变动率；

（6）变压器中结构件、油箱壁、油箱盖或套管法兰等附件的损耗过大和局部过热；

（7）有载调压装置中电抗绕组匝间短路；

（8）大型电力变压器低压绕组中并联导线短路或换位错误。

实操　10 kV 配电变压器空载试验

实操　10 kV 配电变压器短路试验

任务 3　变比试验

知识目标

能正确描述变压器变比的概念；知道变比电桥的原理；能计算不同接线方式变压器的变比；能正确阐述试验目的和意义。

技能目标

正确指出试验的危险点及预控措施；熟练使用试验所需仪器仪表和工具；正确安全地进行试验接线；能在监护人监护下按现场工作标准化流程完成试验工作；能依据相关试验标准对试验结果进行分析和判断，完成试验报告。

素质目标

培养学生理论联系实际的能力以及动手操作的能力；培养学生遵章守纪，标准化操作的职业工作习惯以及良好的安全意识；培养学生劳动光荣，技能宝贵的生产意识。

一、试验原理

（一）变压器变比

变压器的变比也称电压比，通常定义为变压器空载时，高压绕组电压与低压绕组电压之比，即变比 $k = U_1/U_2$。

对于单相变压器而言，其空载电压比约等于变压器的匝数比，即 $k = \dfrac{U_1}{U_2} \approx \dfrac{N_1}{N_2}$。对于三相变压器而言，变比（电压比）是指变压器高压、中压、低压侧线电压之比，如图 4-9 中"额定电压"栏，因此根据变压器接线不同，其变比与匝数比计算方式也不同。

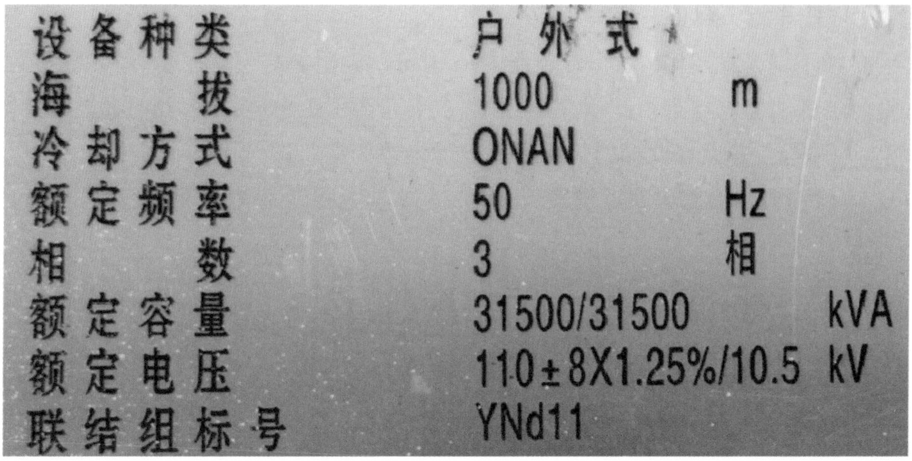

图 4-9　变压器铭牌

（1）对于 Yy（两侧均为星形）接线：

$$K_{\mathrm{L}} = K_{\mathrm{ph}} \approx \frac{U_{1\mathrm{L}}}{U_{2\mathrm{L}}} = \frac{\sqrt{3}U_{1\mathrm{ph}}}{\sqrt{3}U_{2\mathrm{ph}}} \approx \frac{N_1}{N_2} \qquad (4\text{-}8)$$

（2）对于 Yd（高压侧为星形，低压侧为三角形）接线：

$$K_{\mathrm{L}} = \frac{U_{1\mathrm{L}}}{U_{2\mathrm{L}}} = \frac{\sqrt{3}U_{1\mathrm{ph}}}{U_{2\mathrm{ph}}} = \sqrt{3}K_{\mathrm{ph}} \approx \sqrt{3}\,\frac{N_1}{N_2} \qquad (4\text{-}9)$$

（3）对于 Dy（低压侧为星形，高压侧为三角形）接线：

$$K_{\mathrm{L}} = \frac{U_{1\mathrm{L}}}{U_{2\mathrm{L}}} = \frac{U_{1\mathrm{ph}}}{\sqrt{3}U_{2\mathrm{ph}}} = K_{\mathrm{ph}} \approx \frac{1}{\sqrt{3}}\frac{N_1}{N_2} \qquad (4\text{-}10)$$

式中　K_{L}——变压器线电压比；

K_{ph}——变压器相电压比；

$U_{1\mathrm{L}}$、$U_{2\mathrm{L}}$——变压器高、低压侧线电压；

$U_{1\mathrm{ph}}$、$U_{2\mathrm{ph}}$——变压器高、低压侧相电压；

N_1、N_2——变压器高、低压侧匝数。

变压器变比试验是验证变压器是否能达到规定的电压变换的效果，变比是否符合该变压器技术规范和铭牌所规定的数据，绕组匝数、引线装配、分接开关指示位置是否符合要求的一项试验，并且试验结果能够作为变压器并列运行的依据。

（二）试验原理

变比试验的原理可以分为两类：双电压表法和变比电桥法。

（1）双电压表法：在变压器一侧（降压变压器在高压侧，升压变压器在低压侧）施加不低于三分之一额定电压的试验电压，并且测量两侧电压，最终算出电压比。

对单相变压器可以使用单相电源加压，三相变压器可以使用三相电源加压，但是单相电源加压更容易发现故障相。

（2）变比电桥：利用电桥与检流计配合，能够很容易测得变压器的电压比，其原理如图 4-10 所示。图中 R_2 为标准电阻，R_1 为可调电阻，T 为变压器，在变压器高压侧 AX 两端施加交流电压 U_1，则在低压侧 a 点获得固定电位 U_2，此时通过调节电阻 R_1 大小，使得 a、b 点电位相同，此时检流计电流为零，则可通过 R_1、R_2 比值，计算出 U_1、U_2 比值，从而算出变压器变比，即：

$$K = \frac{U_1}{U_2} = \frac{R_1 + R_2}{R_2} \tag{4-10}$$

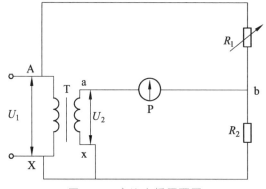

图 4-10　变比电桥原理图

实操 1　10 kV 变压器变比试验

（一）工作任务

用成套变比测试仪对 10 kV 配电变压器进行变比测试，掌握试验危险点及预控措施、试验方法、试验步骤、结果分析，理解试验原理，并且能正确完成试验项目的接线、操作及测量。

（二）引用标准

（1）《国家电网公司电力安全工作规程》（变电部分）。

（2）《电气装置安装工程　电气设备交接试验标准》（GB 50150—2016）。

（3）《国家电网公司五项通用制度　变电检测管理规定 829—2017》第 28 分册。

（三）试验条件

1. 环境要求

除非另有规定，该试验均在以下大气条件下进行，且试验期间，大气环境条件应相对稳定。

（1）环境温度不宜低于 5 ℃。

（2）环境相对湿度不宜大于 80%。

（3）现场区域满足试验安全距离要求。

2. 被试设备要求

（1）设备处于检修状态。

（2）设备外观清洁、干燥、无异常。

（3）设备上无其他外部作业。

3. 人员要求

试验人员需具备如下基本知识与能力：

（1）了解 10 kV 配电变压器的型式、用途、结构及原理。

（2）熟悉本试验所用仪器、仪表的原理、结构、用途及使用方法。

（3）熟悉各种影响试验结果的因素及消除方法。

（4）经过《国家电网公司电力安全工作规程》培训，且考试合格。

4. 基本安全要求

（1）应严格执行国家电网公司《电力安全工作规程（变电部分）》的相关要求。

（2）试验工作不得少于两人。试验负责人应由有经验的人员担任，开始试验前，试验负责人应向全体试验人员详细布置试验中的安全注意事项，交待邻近间隔的带电部位、危险点以及其他安全注意事项。

（3）应确保操作人员及试验仪器与电力设备的高压部分保持足够的安全距离。

（4）试验装置的金属外壳应可靠接地，高压引线应尽量缩短，并采用专用的高压试验线，必要时用绝缘物支挂牢固。

（5）试验前，应通知有关人员离开被试设备，并取得试验负责人许可，方可加压。加压过程中应有人监护并呼唱，并尽量缩短加压时间。

（6）变更接线或试验结束时，应首先断开试验电源，将升压设备的高压部分及被试设备充分放电，并短路接地。

（7）试验现场出现明显异常情况时（如异音、电压波动、系统接地等），应立即中断加压，停止试验工作，查明异常原因。

（8）未装接地线的大电容被试设备，应先行放电再做试验。

5. 电源要求

根据电压比测试所用仪器的具体要求选择试验电源。

6. 仪器要求

绕组各分接位置电压比的测量，要求电压比测试仪的精度不低于 0.2%；电压比电桥精度不低于 0.1%。

（四）试验准备

1. 危险点及预控措施

表 4-6　10 kV 配电变压器变比试验危险点及预控措施

危险点	描述	预控措施
高压触电	被试设备及相应套管引线均视为带 10 kV 电压	（1）用围栏将被试设备与相邻带电设备（间隔）隔离，并向外悬挂"止步，高压危险"标示牌，在通道处设置唯一出入口，悬挂"从此进出"标示牌；（2）工作时至少需要两人：一人监护，一人操作，听工作负责人指挥；（3）拆、接试验接线时，应将被试设备对地充分放电，以防止剩余电荷或感应电压伤人以及影响测量结果；（4）测试前，与检修负责人协调，不允许有交叉作业，试验接线应正确牢固，试验人员应精力集中，试验人员之间应分工明确，配合默契，测量过程中要大声呼唱
低压触电	试验电源为交流 220 V，搭接试验电源注意监护	搭接试验电源需要两人操作：一人监护，一人操作，听工作负责人指挥
设备损坏	未按照要求操作变压器变比测试仪，野蛮操作可能会对设备和测试仪造成不同程度的损坏	送电前应由负责人仔细检查接线，高低压线不能接反，试验中若出现违反安规的现象，应当立即制止。工作时，至少需要两人：一人监护，一人操作，听工作负责人指挥

2. 工器具及材料清单

表 4-7　10 kV 配电变压器变比试验工器具及材料清单

名称	规格型号	数量	备注
接地线		若干	
测试线		若干	
绝缘手套	高压	1 双	
放电棒	10 kV	1 套	
电源盘		1 个	
万用表		1 只	
温湿度计		1 只	
验电器	10 kV	1 只	
绝缘垫		1 张	
变压器变比测试仪		1 套	

3. 试验人员分工

表 4-8　10 kV 配电变压器变比试验人员分工表

序号	工作岗位	数量	职责
1	工作负责人	1	开班前会，交待工作内容、安全措施、进行危险点分析，抄写铭牌参数，指挥操作人和接线人进行测试
2	操作人	1	检查工器具，对被试品进行放电，操作变比测试仪
3	接线人	1	接线并更改试验接线

（五）试验方法

1. 试验接线

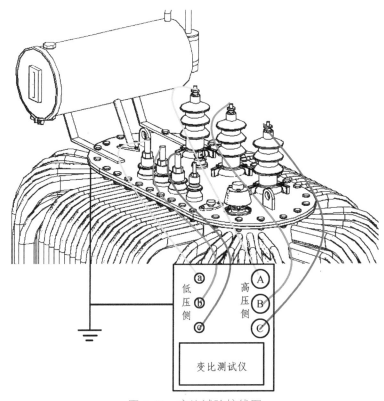

图 4-11　变比试验接线图

2. 试验注意事项

（1）测试前应确认被试设备已经从原有系统中完全脱离，并用放电棒充分放电。

（2）测试前应正确输入被测设备的铭牌、型号。

（3）测试线应正确连接，防止高、低压接反。

（4）变比试验应在直流电阻试验前进行，当具备试验条件时，还应对变压器进行消磁，保证测试结果的准确。

（5）测量应分别在各分接上进行。

3. 试验基本步骤

（1）开工前准备：

① 确认工作地点；

② 检查并补齐现场安全措施；

③ 办理工作许可手续；

④ 召开班前会，交待安全措施、危险点及注意事项；

⑤ 检查、清点工具、材料，如图 4-12 所示；

图 4-12　检查工器具（验电器）

⑥ 查阅设备出厂试验记录。

（2）进行试验：

① 测量前记录被试设备实时温度及空气相对湿度。

② 检查被试设备外观良好，正确放置温/湿度计。将被试设备断电，验明确无电压后充分放电并有效接地，如图 4-13 所示，并抄录现场温湿度及设备铭牌信息，记录变压器分接开关初始挡位。

（a）验电

（b）放电

图 4-13　验电并放电接地

③ 检查变压器变比测试仪是否正常。

④ 对仪器、设备进行接线，负责人负责检查接线正确性。

（3）根据被试设备类型及内部结构选择相应的接线方式，被试设备试验接线并检查确认接线正确，如图 4-14 所示。

图 4-14　变压器变比测试接线图

（4）选择三相自动测试，开始加压测试，待数据稳定后读取并记录试验数据，如图 4-15 所示。

图 4-15　测试、记录数据

（5）返回仪器，然后断开电源，充分放电后拆除接线，恢复被试设备试验前接线状态，结束试验。

（6）切换分接开关位置，以同样的方法测试其他挡位的变压比值。

（六）相关规程要求

1.《电气装置安装工程电气设备交接试验标准》（GB 50150—2016）

（1）所有分接的电压比应符合电压比规律；

（2）与制造厂铭牌数据相比，应符合下列规定：

① 电压等级在 35 kV 以下，电压比小于 3 的变压器电压比允许偏差为 ±1%；

② 其他所有变压器额定分接挡下电压比允许偏差不应超过 ±0.5%；

③ 其他变压器非额定分接挡下的电压比应在变压器阻抗电压百分比（即 $U_k\%$）的 10% 以内，且允许偏差为 ±1%。（注：例如该变压器空载电压百分比为 8.5%，则要求其电压比偏差小于 0.85%）

2. 国家电网公司五项通用制度

（1）各相应分接的电压比顺序应与铭牌相同；检查所有分接头的电压比，与制造厂铭牌数据相比应无明显差别，且应符合电压比的规律。

（2）三相变压器的接线组别或单相变压器的极性必须与变压器的铭牌和出线端子标号相符。

（3）电压比测量中如发现电压比误差超过允许偏差：初值差不超过 ±0.5%（额定分接）；±1%（其他分接）。

（七）试验数据分析、处理及试验意义

1. 试验数据处理

该试验仅需计算变比误差，即

$$\Delta K = \frac{K - K_N}{K_N} \times 100\% \qquad (4\text{-}11)$$

式中，K_N 为额定变比（铭牌值），K 为实测值。

2. 试验不合格原因

（1）仪器原因：若仪器故障，或其输出电压不符合试验要求，可以通过不同仪器测量。

（2）剩磁：如果变压器变比测试结果偏差超过允许值，而其他试验间接证明变比正常，应该首先考虑剩磁影响。由于变压器变比试验施加电流很小，对变压器磁通影响很小，抵消不了剩磁的影响，导致偏差过大，此时采用双电压表法，提高试验电压，会克服剩磁影响。

（3）分接开关：当变压器仅在部分分接挡位出现变比偏差过大时，可能是分接开关引线接错，或者分接开关位置指示与内部实际位置不符。

（4）错匝：由于接线原因或者运行过程中机械应力原因，导致同相不同匝绕组出现层叠、交叉现象，导致漏磁增大，出现变比误差。

（5）匝间、层间短路：若排除上述原因，综合其他特性试验结果，综合判断是否为变压器绕组匝间、层间短路造成变比变化。

3. 试验意义

（1）检查变压器绕组匝数比的正确性；
（2）检查分接开关接线正确性；
（3）变压器故障后，可判断是否有匝间短路；
（4）判断变压器是否可以并列运行。

4. 试验报告模板

表 4-9　变压器变比试验报告

一、基本信息							
变电站		委托单位		试验单位		运行编号	
试验性质		试验日期		试验人员		试验地点	
报告日期		编写人		负责人		审查人	
试验天气		环境温度（℃）		环境相对湿度（%）			

二、设备铭牌					
生产厂家		出厂日期		出厂编号	
设备型号		额定电压（kV）		额定容量（MVA）	
接线相别		相数		额定电流（A）	
电压组合		电流组合		容量组合	

三、试验数据

电压比（线）	AB/ab		BC/bc		CA/ca	
	测量值	误差率（%）	测量值	误差率（%）	测量值	误差率（%）
高对低-分头 1						
高对低-分头 2						
高对低-分头 3						
仪器型号						
结论						
备注						

（八）工作流程

表 4-10　10 kV 配电变压器的变比测试流程表

试验名称	10 kV 配电变压器的变比测试
任务描述	自设现场安全措施，正确选择、使用试验仪器、仪表，安全进行变压器变比测试，清理并结束试验现场，对测试结果计算、分析、判断，完成试验报告
考核要点及其要求	1. 检查、熟悉需用仪器、仪表、工具、资料，安全、正确进行试验接线和使用仪器、仪表和工器具； 2. 按现场工作标准化流程完成测试工作； 3. 判断试验结果，完成试验报告；要求计算过程清楚，书写规范、整洁； 4. 若试验中严重违反操作规程，立即停止操作，考试提前结束
场地、设备、工具和材料	1. 10 kV 配电变压器； 2. 安全围栏已设； 3. 试验器材：变比测试仪、电源线盘、刀闸、接地线、测试用导线、常用电工工具、绝缘手套、绝缘垫、放电棒、万用表、温度计、湿度计，围栏、"在此工作""止步，高压危险""从此进出"标示牌； 4. 考生自备工作服、绝缘鞋、安全帽、笔、计算器等
危险点和安全措施	1. 正确设置安全围栏，并在相应部位悬挂"在此工作""止步，高压危险""从此进出"标示牌； 2. 防止触电伤人，试验前后对被试品充分放电，变更接线或试验结束时，应断开试验电源，对被试设备充分放电并接地； 3. 防止测量过程中伤及试验人员，正确使用安全工器具；试验人员在全部加压过程中，应精力集中，随时警戒异常现象发生； 4. 试验接线正确，正确选择试验方法，防止损坏被试设备
考核时限	45 min

续表

		工作流程
序号	作业名称	10 kV 配电变压器的变比测试
1	着装	正确佩戴安全帽，着棉质工作服，穿绝缘鞋
2	现场安全措施	按现场标准化作业进行设置、检查安全措施
3	仪器、仪表	1. 检查所选仪器、仪表是否在使用有效期内； 2. 检查所选仪器、仪表、安全用具是否适合工作需要； 3. 检查试验电源电压是否与使用仪器工作电源电压相同
4	放电、接地	1. 接测试线前必须对被试品充分放电； 2. 将被试设备外壳可靠接地
5	变压器的变比测试	1. 试验装置外壳、被试设备可靠接地，试验接线正确； 2. 正确设置变压器接线组别、总分接数、额定变比； 3. 按仪器操作说明进行变比测试，记录变比误差； 4. 试验结束，关闭仪器电源，断开试验电源，对被试设备放电并接地； 5. 试验人员加压前应大声呼唱，试验过程中与被试设备保持足够的安全距离，并应站在绝缘垫上
6	试验结束	1. 拆除试验接线，恢复被试品初始状态； 2. 清理试验现场； 3. 试验人员、设备撤离现场，结束工作手续
7	试验报告	1. 记录被试设备铭牌参数及测试仪器信息； 2. 记录试验日期、试验人员、试验地点、温度、湿度； 3. 试验数据、试验标准、试验结论
	备注	

任务4 断路器特性试验

知识目标

能说出回路电阻和接触电阻的区别；能正确复述回路电阻测试原理；能梳理机械特性试验的试验步骤；能概述合闸时间、分合闸同期差等概念；能正确阐述回路电阻测试和机械特性试验目的和意义。

技能目标

正确指出试验的危险点及预控措施；熟练使用试验所需仪器仪表和工具；正确安全进行试验接线；能在监护人监护下按现场工作标准化流程完成试验工作；能依据相关试验标准对试验结果进行分析和判断，完成试验报告。

素质目标

培养学生理论联系实际的能力以及动手操作的能力；培养学生遵章守纪，标准化操作的职业工作习惯以及良好的安全意识；培养学生劳动光荣、技能宝贵的生产意识。

一、回路电阻试验原理

（一）试验目的

断路器拥有较低的导电回路电阻是其安全运行的一个重要条件，其回路电阻包括导电臂电阻，动、静触头接触电阻，中间各连接的接触电阻等。断路器回路电阻增大，会使得触头发热严重，造成周围绝缘件烧损，降低其绝缘能力，并且会使得触头烧损、弹簧退火，会进一步增加触头接触电阻，出现恶性循环。因此，无论在交接试验还是设备状态监测中，断路器回路电阻试验都是非常有必要的。

对于某一些不方便单独试验的断路器，例如 GIS、固定式室内配电装置等，通常进行全回路电阻试验，即断路器、隔离开关等一起测试，通过纵向比较来判断其导电能力是否随时间下降。

（二）试验原理

该试验所测试电阻包含各接触面的接触电阻，因此不能使用小电流测试，否则难以击穿接触面氧化膜，导致测得电阻远大于真实电阻；也不能使用电压源进行测试，因为其导电回路电阻极小，电压稍有偏差，即可能使得电流急剧增加，烧坏保险，甚至烧坏仪器；也不能用交流电源，这是由于交流电源所测结果会包含其导电部分电感电压、绝缘部分电容电流，不能直观体现其导电回路电阻参数。

该试验原理是使用大电流直流电流源对设备导电回路进行升流，如图 4-16 所示，通过测量其导电回路两端电压，利用欧姆定律算出其电阻值 R_x。

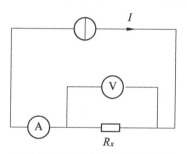

图 4-16　回路电阻测试原理图

这里需要注意的是，利用欧姆定律测量电阻，一般有电流表内接法和电流表外接法两种方法。电流表所测电流包含流过电压表电流和被试品电流，即电流表在电压表外侧，称为电流表外接法；反之，称为电流表内接法。电流表内阻小，电压表内阻大，因此在测量小电阻时（即导电回路电阻）应采用电流表外接法，误差较小。

在使用表计接线时需要注意接线方法，若使用回路电阻测试仪则不需要考虑，仪器内置默认为电流表外接。

二、机械特性试验原理

断路器机械特性试验是针对高压断路器操动机构（具体知识参考《电气设备检修》教材）进行的检验其机械性能及动作可靠性的试验。

高压断路器按灭弧介质的不同可分为 SF₆ 断路器、真空断路器、油断路器等，按操动机构的不同可分为电磁机构、弹簧机构、液压机构、气动机构等，这些断路器本体和操动机构可以组成各式各样的断路器，它们的机械特性测试方式并不完全相同。本试验仅针对 10 kV 户内真空断路器，按照分合闸时间、分合闸同期差进行测量。

对于机械特性测试而言，无论哪一种断路器，其动作时间的概念是一致的：

（1）固有分闸时间：发布分闸命令（分闸回路接通）起，到三相触头完全分离所需要的时间；

（2）合闸时间：发布合闸命令（合闸回路接通）起，到最后一相的灭弧触头刚接触所需要的时间；

（3）分闸同期差：分闸时，最先分离和最后分离的两相时间差；

（4）合闸同期差：合闸时，最先接通和最后接通的两相时间差；

（5）弹跳时间：某一相合闸时动静触头出现弹跳所需时间。

断路器只有保证适当的分闸速度才能保证其开断短路电流的能力，才能避免分闸时出现间歇性电弧而导致过电压，对于油断路器，过慢的分闸会导致燃弧时间增加，甚至可能导致油断路器的爆炸；断路器也只有保证适当的合闸速度才能避免合闸过程中的预击穿而导致的断路器触头熔焊和电磨损，并且如果合闸速度过低，当断路器合闸遇短路故障时，动触头会由于其关合电动力的作用，使之剧烈震动处于停滞状态，一样可能引起灭弧室爆炸。反之，如果断路器的分合闸速度过高，虽然避免了上述问题，但是由于机械应力的增加，会降低断路器机械部件的使用寿命，还会使得真空断路器弹跳时间增大，弹跳次数增多。而断路器分合闸同期差过大，即分合闸三相严重不同期时，将造成系统非全相接入或断线，产生过电压危害设备绝缘。

实操 1 10 kV 真空断路器回路电阻测试

（一）工作任务

使用成套回路电阻测试仪对 10 kV 真空断路器进行回路电阻测试，掌握试验危险点及预控措施、试验步骤，理解试验原理，并且能正确完成试验项目的接线、操作及测量。

（二）引用标准

（1）《国家电网公司电力安全工作规程》（变电部分）。

（2）《电气装置安装工程 电气设备交接试验标准》（GB 50150—2016）。

（3）《国家电网公司五项通用制度 变电检测管理规定 829-2017》第 36 分册。

（4）《输变电设备状态检修试验规程》（Q/GDW1168—2013）。

（三）试验条件

1. 环境要求

除非另有规定，该试验均在以下大气条件下进行，且试验期间，大气环境条件应相对稳定。

（1）环境温度不宜低于 5 ℃。

（2）环境相对湿度不宜大于 80%。

（3）现场区域满足试验安全距离要求。

2. 被试设备要求

（1）被试断路器处于停电检修状态。

（2）断路器无各种其他作业。

（3）待试主回路应处于闭合导通状态。

（4）断路器与仪器连接的部位应清洁。

3. 人员要求

试验人员需具备如下基本知识与能力：

（1）了解断路器的基本结构、性能、特点。

（2）熟悉该试验仪器、仪表的原理、结构、用途及使用方法。

（3）熟悉各种影响试验结论的因素及消除方法。

（4）经过《国家电网公司电力安全工作规程》培训，考试合格。

4. 基本安全要求

（1）应严格执行国家电网公司《电力安全工作规程（变电部分）》的相关要求。

（2）试验工作不得少于两人。试验负责人应由有经验的人员担任，开始试验前，试验负责人应向全体试验人员详细布置试验中的安全注意事项，交待邻近间隔的带电部位、危险点以及其他安全注意事项。

（3）应确保操作人员及测试仪器与电力设备的高压部分保持足够的安全距离。

（4）试验装置的金属外壳应可靠接地，试验需要拆接设备引线时，不得失去地线保护，防止感应电伤人。

（5）变更接线或测试结束时，应首先断开测试电源。

（6）因测试需要断开设备接头时，拆前应做好标记，接后应进行检查。

（7）测试装置的电源开关，应使用明显断开的双极刀闸。为了防止误合刀闸，可在刀刃上加绝缘罩。测试装置的低压回路中应有 2 个串联电源开关，并加装过载自动跳闸装置。

（8）检测前，应通知有关人员离开被试设备，接线人员不准接触检测线夹。取得试验负责人许可，方可通流，通流过程中应有人监护并呼唱。

（9）试验现场出现明显异常情况时（如异音、电压波动、系统接地等），应立即停止试验工作并撤离现场。

5. 电源要求

（1）测试仪器供电电源应满足：AC 220 V ± 22 V，50 Hz ± 1 Hz；

（2）试验电源应为 100～200 A 直流电流源。

（四）试验准备

1. 危险点及预控措施

表 4-11　10 kV 真空断路器回路电阻测试危险点及预控措施

危险点	描述	预控措施
低压触电	试验会使用 220 V 交流电压源以及 100 A 直流电流源，有低压触电风险	投入电源前设备外壳必须接地；测试前，应通知有关人员离开被试设备，并取得测试负责人许可，方可开机测试；确认设备电源已断开方可拆线或改线
机械伤害	断路器分、合闸时，弹簧释能，有机械伤害风险	接线前若断路器处于分闸状态，则应合闸后再进行试验，储能前应先解除合闸闭锁电磁铁，合闸时，应大声呼唱，得到班组成员回应后方可操作
设备损坏	二次回路接线错误，有可能会导致断路器损坏	测试前必须认真检查测试接线，尤其是接入断路器的分、合闸控制电源，应正确无误

2. 工器具及材料清单

表 4-12　10 kV 真空断路器回路电阻测试工器具及材料清单

名称	规格型号	数量	备注
回路电阻测试仪		1 台	
试验线		若干	
接地线		若干	
电源盘		1 只	
万用表		1 只	
线夹		若干	
验电器	10 kV	1 只	
绝缘垫		1 张	
绝缘手套	高压	1 双	
放电棒	10 kV	1 只	

3. 试验人员分工

表 4-13　10 kV 真空断路器回路电阻测试人员分工表

序号	工作岗位	数量	职责
1	工作负责人	1	开班前会，交待工作内容、安全措施，进行危险点分析，抄写铭牌参数，指挥操作人和接线人进行测试
2	操作人（接线人、记录人）	1	检查工器具，接线、对回路电阻测试仪进行操作，对试验结果进行记录

（五）试验方法

1. 试验接线

回路电阻测试接线如图 4-17 所示。

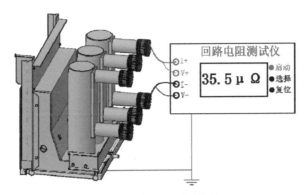

图 4-17　回路电阻测试接线图

（二）试验注意事项

（1）测试前应仔细检查其回路接线；

（2）测试时断路器断口两侧不能接地；

（3）在没有完成全部接线时，不允许在测试接线开路的情况下通电；

（4）测试线应接触良好、连接牢固，防止测试过程中突然断开；

（5）禁止将电流线夹在开关触头弹簧上，防止烧坏弹簧。

（三）试验基本步骤

（1）开工前准备：

① 确认工作地点；

② 检查并补齐现场安全措施；

③ 办理工作许可手续；

④ 召开班前会，交待安全措施、危险点及注意事项；

⑤ 检查、清点工具、材料；

图 4-18　检查工器具（绝缘手套）

⑥ 查阅设备出厂试验记录。

（2）进行试验

① 检查被试设备外观良好，正确放置温/湿度计。将被试设备断电，验明确无电压后充分放电并有效接地，并抄录现场温湿度及设备铭牌信息，记录断路器初始状态。

（a）验电　　　　　　　　　　（b）放电

图 4-19　验电并放电接地

② 检查断路器状态，若处于分闸状态，则需将其合闸。

③ 正确记录环境温度。

④ 清除被试设备接线端子接触面的油漆及金属氧化层，进行试验接线，如图 4-20 所示，检查测试接线是否正确、牢固。

图 4-20　回路电阻测试仪接线示意图

⑤ 接通仪器电源，进行测试，电流稳定后读出试验数据，并做好记录，如图 4-21 所示。

（a）开始测试

（b）读取数据后复位

图 4-21　回路电阻测试读数

⑥ 关闭试验电源，断开电源插座，对被试设备导电回路进行放电并接地。

⑦ 拆除试验测试线，最后拆除接地线，将被试设备恢复到测试前状态。

（六）相关规程要求

1.《电气装置安装工程电气设备交接试验标准》（GB 50150—2016）

（1）测量应采用不小于 100 A 直流压降法。

（2）测试结果应符合相应产品技术条件规定。

2.《输变电设备状态检修试验规程》（Q/GDW1168—2013）

主回路电阻测试值与初值（出厂值）差<30%。

3. 国家电网公司五项通用制度

（1）真空断路器主回路电阻的初值差应小于 30%，高压开关柜内断路器导电回路电阻初值差不大于 20%，交接验收与出厂值进行对比，不得超过 120%出厂值。

（2）将测试结果与规程要求进行比较，当测试结果出现异常时，应与同类设备、同设备的不同相间进行比较，做出诊断结论。

（3）如发现测试结果超标，可将被试设备进行分、合操作若干次，重新测量，若仍偏大，可分段查找以确定接触不良的部位，进行处理。

（4）经验表明，仅凭主回路电阻增大不能认为是触头或联结不好的可靠证据。此时，应该使用更大的电流（尽可能接近额定电流）重复进行检测。

（七）试验数据分析、处理及试验意义

1. 试验不合格原因

（1）接线原因：仪器接线时，线夹未连接牢固，或夹住弹簧，导致线夹与导电回路接触电阻过大，应重新接线进行试验。

（2）仪器损坏：可将仪器正负极短接测量，若电阻较大，则可断定仪器内部出现损坏，导致内阻增加，影响试验结果，应更换仪器后进行测试。

（3）导电臂松动：导致导电臂与断路器动、静触头连接处接触电阻过大，应使用内六角扳手紧固后重新测试。

（4）梅花触头：梅花触头表面镀银层磨损、氧化、腐蚀严重，有大量硫化银层，导致其接触电阻过大，应使用氨水、小苏打等对其进行清洗，必要时进行更换。

（5）合闸不到位：断路器弹簧操动机构疲软，无法合闸到位，导致断路器触头压力不足，接触电阻偏大，应进行机械特性测试，若确认为操动机构故障，应进行弹簧更换。

（6）断路器触头：若排除以上原因，反复测量后结果依然偏大，大概率是断路器动静触头有烧损、碳化等现象，导致回路电阻增加，此时需要更换真空灭弧室。

2. 试验意义

测量每一相导电回路电阻，实际上是判断设备在运行中各个接触面导电是否良好。若导电回路电阻过大，设备运行中往往会过热，损坏其周围绝缘电介质，甚至在短路、过负荷时，过热产生的高温会使得弹簧退火、触头碳化、接触面烧熔粘黏等现象，使回路电阻进一步增加，从而影响断路器开断能力，甚至出现拒动现象，大幅度降低系统可靠性。因此，在断路器出厂、交接中，以及投运后，定期都要进行此项试验，来判断其导电回路的导电性能是否良好。

3. 试验报告模板

表 4-14　断路器回路电阻测试试验报告

一、基本信息						
变电站		委托单位		试验单位		运行编号	
试验性质		试验日期		试验人员		试验地点	
报告日期		编写人		审核人		批准人	
试验天气		环境温度（℃）		环境相对湿度（%）			
二、设备铭牌						
生产厂家		出厂日期		出厂编号		
设备型号		额定电压（kV）				

三、试验数据

相别	A	B	C
主回路电阻初值（μΩ）			
主回路电阻（μΩ）			
主回路电阻初值差（%）			
仪器型号			
结论			
备注			

（八）评分细则

表 4-15　10 kV 真空断路器导电回路电阻测试流程表

试验名称	10 kV 真空断路器导电回路电阻测试
任务描述	自设现场安全措施，正确选择、使用试验仪器、仪表，安全进行 10 kV 真空断路器导电回路电阻测试，清理并结束试验现场，对测试结果分析判断，完成试验报告
考核要点及其要求	1. 完成 10 kV 真空断路器三相导电回路电阻的测试 　2. 检查、熟悉需用仪器、仪表、工具、资料。安全、正确进行试验接线和使用仪器、仪表和工器具 　3. 按现场工作标准化流程完成测试工作 　4. 判断试验结果，完成试验报告。书写规范、整洁 　5. 若试验中严重违反操作规程，立即停止操作，考试提前结束
场地、设备、工具和材料	1. 被试品：10 kV 真空断路器，断路器已处于检修状态 　2. 试验器材：回路电阻测试仪、万用表、绝缘手套、电源盘（带漏电保护）、温度计、湿度计、接地线、围栏、"在此工作""止步，高压危险""从此进出"标示牌若干、测试线若干鳄鱼夹若干 　3. 考生自备工作服、绝缘鞋、安全帽、常用电工工具、三角板、铅笔
危险点和安全措施	1. 用围栏将被测设备与相邻设备隔开，并向外悬挂"止步，高压危险"标示牌，在围栏入口处悬挂"从此进出"标示牌，在被测设备处悬挂"在此工作"标示牌 　2. 防止触电伤人，试验前后应对被试品充分放电并接地 　3. 防止测量时伤及工作人员和试验人员，工作人员和试验人员应与高压部分保持足够安全距离，加压前要大声呼唱
考核时限	30 min
工作流程	

序号	作业名称	10 kV 真空断路器导电回路电阻测试
1	着装	正确配戴安全帽，着棉质工作服，穿绝缘鞋
2	现场安全措施	按现场标准化作业进行设置、检查安全措施

序号	作业名称	10 kV 真空断路器导电回路电阻测试
3	仪器、仪表及温湿度计摆放	1. 检查使用仪器、仪表是否在使用有效期内 2. 检查使用仪器、仪表是否适合工作需要 3. 检查试验电源电压是否与使用仪器工作电源相同 4. 温湿度计摆放正确
4	放电、接地	1. 接测试线前必须对试品充分放电 2. 将被试设备外壳可靠接地
5	导电回路电阻测量	1. 正确选用测量仪器（回路电阻测试仪） 2. 试验设备外壳可靠接地。 3. 将断路器分合数次 4. 电流线接在外侧，电压线接在内侧，测试线夹接在断路器引流板上，接触良好，不得将电流线接在梅花触头弹簧上。 5. 依次对 A、B、C 相进行测试，测试电流≥100 A 6. 变更试验接线时试验电源回路有明显断开点，并对被试品放电 7. 测试过程中应大声呼唱
6	试验结束	1. 拆除试验接线，恢复被试品初始状态 2. 清理试验现场 3. 试验人员、设备撤离现场，结束工作手续
7	试验报告	1. 被试设备铭牌参数及检测仪器型号 2. 试验日期、试验人员、试验地点、温度、湿度 3. 试验数据、试验标准、试验结论
备注		

实操 2　10 kV 真空断路器机械特性测试

（一）工作任务

使用成套机械特性测试仪对 10 kV 真空断路器进行机械特性测试，掌握试验危险点及预控措施、试验步骤，理解试验原理，并且能正确完成试验项目的接线、操作及测量。本次测试仅测量断路器分、合闸时间，分、合闸不同期时间。

（二）引用标准

（1）《国家电网公司电力安全工作规程》（变电部分）。

（2）《电气装置安装工程　电气设备交接试验标准》（GB 50150—2016）。

（3）《国家电网公司五项通用制度　变电检测管理规定 829—2017》第 38 分册。

（三）试验条件

1. 环境要求

除非另有规定，该试验均在以下大气条件下进行，且试验期间，大气环境条件应相对稳定。

（1）环境温度不宜低于 5 ℃。

（2）环境相对湿度不宜大于 80%。

（3）现场区域满足试验安全距离要求。

2. 被试设备要求

（1）被试断路器处于停电检修状态，断路器的控制电源已完全断开。

（2）断路器无各种其他作业。

（3）机械特性测试一般应在额定操作电压下进行。

3. 人员要求

试验人员需具备如下基本知识与能力：

（1）了解断路器的基本结构、性能、特点。

（2）熟悉该试验仪器、仪表的原理、结构、用途及使用方法。

（3）熟悉各种影响试验结论的因素及消除方法。

（4）经过《国家电网公司电力安全工作规程》培训，考试合格。

4. 基本安全要求

（1）应严格执行国家电网公司《电力安全工作规程（变电部分）》的相关要求。

（2）试验工作不得少于两人。试验负责人应由有经验的人员担任，开始试验前，试验负责人应向全体试验人员详细布置试验中的安全注意事项，交待邻近间隔的带电部位、危险点以及其他安全注意事项。

（3）应确保操作人员及测试仪器与电力设备的高压部分保持足够的安全距离。

（4）试验装置的金属外壳应可靠接地，被试设备金属外壳可靠接地后，方可进行其他接线。

（5）变更接线或测试结束时，应首先断开测试电源。

（6）因测试需要断开设备接头时，拆前应做好标记，接后应进行检查。

（7）测试装置的电源开关，应使用明显断开的双极刀闸。为了防止误合刀闸，可在刀刃上加绝缘罩。测试装置的低压回路中应有 2 个串联电源开关，并加装过载自动跳闸装置。

（8）测试前必须认真检查测试接线，尤其是接入断路器的分、合闸控制电源，应正确无误。

（9）测试前，应通知有关人员离开被试设备，并取得测试负责人许可，方可开机测试；测试过程中应有人监护并呼唱，断路器处禁止其他工作。

（10）当使用仪器内触发储能方式时，应检查断路器储能电源已可靠断开。

（11）测试现场出现明显异常情况时（如异音、电压波动、系统接地等），应立即停止测试工作并撤离现场。

5. 电源要求

（1）测试仪器供电电源应满足：AC 220 V ± 22 V，50 Hz ± 1 Hz。

（2）仪器输出的控制电源电压采用断路器额定操作电压。

（四）试验准备

1. 危险点及预控措施

表 4-16　10 kV 真空断路器机械特性测试危险点及预控措施

危险点	描述	预控措施
低压触电	试验会使用 220 V 交流以及 220 V 直流电压，有低压触电风险	投入电源前设备外壳必须接地；测试前，应通知有关人员离开被试设备，并取得测试负责人许可，方可开机测试；确认设备电源已断开方可拆线或更改接线
机械伤害	断路器分、合闸时，弹簧释能，有机械伤害风险	接线前确认断路器处于分闸、未储能状态；操作人分、合闸操作前，应大声呼唱，得到班组成员回应后方可操作
设备损坏	二次回路接线错误，有可能会导致断路器损坏	测试前必须认真检查测试接线，尤其是接入断路器的分、合闸控制电源，应正确无误

2. 工器具及材料清单

表 4-17　10 kV 真空断路器机械特性测试工器具及材料清单

名称	规格型号	数量	备注
机械特性测试仪		1 套	
短接裸铜线		若干	
试验线		若干	
接地线		若干	
绝缘垫		若干	
验电器	10 kV	1 只	
电源盘		1 个	
万用表		1 只	
线夹		若干	
放电棒	10 kV	1 只	

3. 试验人员分工

表 4-18　10 kV 真空断路器机械特性测试人员分工表

序号	工作岗位	数量	职责
1	工作负责人	1	开班前会，交待工作内容、安全措施、进行危险点分析，抄写铭牌参数，指挥操作人和接线人进行测试
2	操作人（接线人、记录人）	1	检查工器具，接线、对机械特性测试仪进行操作，对试验结果进行记录

（五）试验方法

断路器机械特性测试主要测量其分、合闸相关时间，早期使用示波器进行测试，目前均使用一体化机械特性测试仪进行测试，测试方法更为简单。如果需要同时对断路器分合闸速度、行程进行测试，则需要使用旋转传感器，对不同型号断路器需要进行不同的调校，较为复杂，本试验不要求。

1. 试验接线

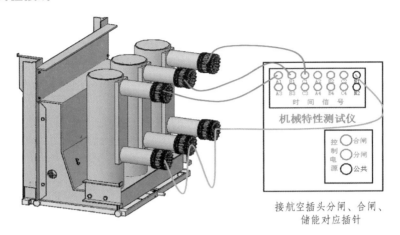

图 4-22　机械特性测试接线图

2. 试验注意事项

（1）测试前应仔细检查其回路接线；

（2）测试时断路器断口两侧不能接地。

3. 试验基本步骤

（1）开工前准备：

① 确认工作地点；

② 检查并补齐现场安全措施；

③ 办理工作许可手续；

④ 召开班前会，交待安全措施、危险点及注意事项；

⑤ 检查、清点工具、材料；

图 4-23　检查工器具（绝缘手套）

⑥ 查阅设备出厂试验记录。

（2）进行试验

① 检查被试设备外观良好，正确放置温/湿度计。将被试设备断电，验明确无电压后充分放电并有效接地，并抄录现场温湿度及设备铭牌信息，记录断路器初始状态，如图 4-24 所示。

（a）验电　　　　　　　　　　　（b）放电

图 4-24　断路器验电并放电

② 断开断路器控制及储能电源，将断路器操动机构能量完全释放，拆下航空插头。

③ 将断路器移至转运小车上，置于检修位置。

④ 先将仪器可靠接地，根据图 4-22 进行接线。

图 4-25　接线

⑤ 拆除断路器断口两侧接地。

⑥ 接通电源，根据被试断路器型号进行相应参数设置。

⑦ 对断路器进行测试，并记录结果。

⑧ 关闭仪器电源，放电接地，拔下电源插头，拆除测试接线，最后再拆除仪器接地线。

图 4-26　测试完毕放电

（六）相关规程要求

1.《电气装置安装工程电气设备交接试验标准》（GB 50150—2016）

（1）合闸过程中触头接触后的弹跳时间，40.5 kV 以下断路器不应大于 2 ms，40.5 kV 及以上断路器不应大于 3 ms；对于电流 3 kA 及以上 10 kV 真空断路器，弹跳时间如不满足小于 2 ms，应符合该产品技术条件的规定。

（2）测量应在断路器额定操作电压条件下进行。

（3）实测数值应符合该产品技术条件的规定。

2. 国家电网公司五项通用制度

测试结果应与断路器说明书给定值进行比较，应满足厂家规定要求。

（七）试验数据分析、处理及试验意义

1. 试验不合格原因

（1）若上述测试项目中存在不符合厂家要求的测试数据时，应首先检查接线情况、参数设置、仪器状况等是否符合测试要求。

（2）当合闸时间、合闸速度不满足规范要求时，可能造成的原因有：一是合闸电磁铁顶杆与合闸掣子位置不合适；二是合闸弹簧疲劳；三是分闸弹簧拉紧力过大；四是开距或超程不满足要求。应综合分析上述原因，按照厂家技术要求，对合闸电磁铁、分合闸弹簧、机构连杆进行调整。

（3）当分闸时间、分闸速度不满足规范要求时，可能造成的原因有：一是分闸电磁铁顶杆与分闸掣子位置不合适；二是分闸弹簧疲劳；三是开距或超程不满足要求。应综合分析上述原因，按照厂家技术要求，对分闸电磁铁、分合闸弹簧、机构连杆进行调整。

（4）当合分时间不满足规范要求时，可能造成的原因有：一是单分、单合时间不满足规范要求；二是断路器操动机构的脱扣器性能存在问题，应综合分析上述原因，按照厂家技术要求，对单分、单合时间进行调整或者对脱扣器进行调节。

（5）当不同期值不满足规范要求时，可能造成的原因有：一是三相开距不一致；二是分相机构的电磁铁动作时间不一致，应综合分析上述原因，按照厂家技术要求，对分闸电磁铁、分合闸弹簧、机构连杆进行调整。

（6）当行程特性曲线不满足规范要求时，可能造成的原因有：一是断路器对中调整的不好；二是断路器触头存在卡涩。应综合分析上述原因，按照厂家技术要求对断路器分合闸弹簧、拐臂、连杆、缓冲器进行调整。

（7）分合闸电磁铁动作电压不满足规范要求，宜检查动静铁心之间的距离，检查电磁铁心是否灵活，有无卡涩情况，或者通过调整分合闸电磁铁与动铁心间隙的大小来调整动作电压，缩短间隙，动作电压升高，反之降低。当调整了间隙后，应进行断路器分合闸时间测试，防止间隙调整影响机械特性。

2. 试验意义

断路器在切断负荷电流或过负荷、短路电流时，在灭弧室内部会产生间歇性电弧，分闸时间越短，电弧存在时间也就越短，对电网、设备产生的伤害也越小；而断路器合闸时，若合闸时间过长或弹跳时间过长，则完全合闸前会产生更长时间的电弧，烧伤触头。因此，断路器分合闸时间对高压断路器的工作性能有重要的影响，必须满足该断路器的工作可靠性要求。此测试能够较为客观地体现断路器分合闸机械特性，能够准确发现其操动机构存在的故障，并及时调校、维修、更换，以减小断路器机械故障对系统、设备造成的影响。

3. 试验报告模板

表 4-19　断路器机械特性试验报告

一、基本信息						
变电站		委托单位		测试单位		运行编号	
测试性质		测试日期		测试人员		测试地点	
报告日期		编制人		审核人		批准人	
测试天气		环境温度（℃）		环境相对湿度（%）		投运日期	

二、设备铭牌					
生产厂家		出厂日期		出厂编号	
设备型号		额定电压（kV）		额定电流（A）	
额定开断电流（kA）		额定操作电压（V）			

三、测试数据					
项目、相序与测试参数		厂家标准	A	B	C
机械特性	合闸时间（ms）				
	合闸不同期（ms）				
	分闸时间（ms）				
	分闸不同期（ms）				

项目、相序与测试参数		厂家标准	A	B	C
机械特性	合分时间（ms）				
	分闸速度（m/s）				
	合闸速度（m/s）				
	合闸弹跳时间（ms）				
	分闸反弹幅值（mm）				
	合闸动作电压（V）				
	分闸动作电压（V）				
	电源电压低于额定值的30%时不脱扣				
	弹跳次数（次）				
	弹跳时间（ms）				
仪器型号					
结论					
备注					

（八）工作流程

表 4-20　10 kV 真空断路器分合闸时间测试流程表

考核项目	10 kV 真空断路器的分合闸时间测试
任务描述	自设现场安全措施，正确选择、使用试验仪器、仪表，检查断路器机械、电气回路是否正确，正确选择、使用试验仪器、仪表，测量断路器的分、合闸时间及三相同期，分析测试数据，完成试验报告
考核要点及其要求	1. 检查、熟悉需用仪器、仪表、工具、资料。安全、正确进行试验接线和使用仪器、仪表和工器具 2. 按现场工作标准化流程完成测试工作 3. 判断试验结果，完成试验报告，书写规范、整洁 4. 若测试过程中出现误操作，危及人身、设备安全行为，立即停止操作，考试提前结束
场地、设备、工具和材料	1. 10 kV 真空断路器处于检修状态 2. 围栏已设置 3. 试验器材：开关机械特性测试仪、数字万用表、温度计、湿度计、电源线、刀闸、接地线、绝缘手套、绝缘垫、常用电工工具、围栏、二次图及生产厂家出厂资料、"在此工作"、"止步，高压危险"、"从此进出"标示牌、测试线若干 4. 考生自备工作服、绝缘鞋、安全帽、笔、记录本等
危险点和安全措施	1. 正确设置安全围栏，并在相应部位悬挂"在此工作"、"止步，高压危险"、"从此进出"标示牌 2. 防止触电伤人，试验前后对被试品充分放电，与试验无关的人员全部撤离试验现场 3. 防止测量过程中伤及试验人员，正确使用安全工器具 4. 防止机械伤人，改接测试线前断路器储能弹簧必须释能 5. 试验接线正确，选择合适的试验电压和试验电源，防止损坏被试设备和试验设备 6. 在用移动手车转移断路器时，防止整个手车倾倒，损坏设备和砸伤试验人员

续表

危险点和 安全措施	7. 若需拆开部分二次线，必须做好记录，防止恢复时接错位置，人为造成故障或损坏设备 8. 加压前大声呼唱
考核时限	45 min

工作流程		
序号	作业名称	10 kV 真空断路器的分合闸时间测试
1	着装	正确佩戴安全帽，着棉质工作服，穿绝缘鞋。
2	现场安全措施	按现场标准化作业进行设置、检查安全措施
3	断路器准备	释放弹簧能量
4	仪器、仪表、 电源检查	1. 检查使用仪器、仪表是否在使用有效期内、是否满足工作需要 2. 检查试验电源电压是否与使用仪器工作电源电压相同 3. 正确摆放温湿度计
5	试前检查	1. 检查断路器状态（应在分闸位置） 2. 在无操作控制电源情况下检查断路器合闸闭锁正常 3. 检查操作电压是否正常（电压 220 V） 4. 检查控制回路完整性（可用数字万用表检查、电动分合操作一次） 5. 检查断路器机械传动是否正常（手动分合操作一次）
6	测量断路器 的分、合闸 时间；合、 分闸时间	1. 将检修台、断路器外壳、试验仪器金属外壳可靠接地 2. 将测试仪分、合闸控制线接入断路器二次插头上相应的针脚上，取断口信号的线接在断路器三相断口两端 3. 需要解开二次控制回路时，在断开处，设置隔离措施，并做好记录 4. 检查试验接线正确 5. 启动测试仪，运行测试软件，将测试电压调整到与断路器额定控制电压相同（电压：220 V），选择测试项目，分别进行分闸、合闸时间及同期性测试，准确记录（或打印）试验数据 6. 在测量前通知相关人员，准备进行试验，试验时注意监护并大声呼唱 7. 在测量中，工作人员及工器具不得触及电机传动轴、开关传动部件 8. 测试完毕，关闭试验仪器，断开试验电源
7	试验结束， 清理试验 现场	1. 拆除所有试验连线，仔细检查开关上有无遗留物品 2. 清理试验现场，恢复初始状态 3. 试验人员、设备撤离现场，将工具、仪器及器材有序放置在指定地点
8	试验报告	1. 被试设备铭牌参数及测试仪器型号 2. 试验日期、试验人员、试验地点、温度、湿度 3. 试验数据、试验标准、试验结论
备注		在规定的时间内完成全部作业

任务 5　互感器励磁特性试验

知识目标

能正确描述互感器励磁特性试验原理；能准确阐述互感器励磁特性试验步骤。

技能目标

正确指出试验的危险点及预控措施；熟练使用试验所需仪器仪表和工具；正确安全进行试验接线；能在监护人监护下按现场工作标准化流程完成试验工作；能依据相关试验标准对试验结果进行分析和判断，完成试验报告。

素质目标

培养学生理论联系实际的能力以及动手操作的能力；培养学生遵章守纪，标准化操作的职业工作习惯以及良好的安全意识；培养学生劳动光荣、技能宝贵的生产意识。

一、励磁特性试验原理

（一）试验目的

互感器励磁特性试验的目的主要是检查互感器铁心性能，判断互感器绕组有无匝间短路。根据铁心励磁特性合理选择电压互感器，避免产生铁磁谐振过电压；电流互感器励磁特性试验同时还是误差试验的补充和辅助试验，通过试验可以检验电流互感器的仪表保安系数、准确限值系数及复合误差。由于互感器的铁心具有逐渐饱和的特点，对于电压互感器，随着电压的升高，铁心将会饱和，感抗急剧减小，当感抗与系统容抗匹配时会产生铁磁谐振；对于电流互感器，当铁心饱和时会引起测量不准确，可用励磁特性检验 10%（或 5%）误差曲线。

（二）试验原理

互感器励磁特性试验又叫伏安特性试验，试验时一般在互感器二次绕组加压，非被试绕组和一次绕组开路，此时互感器相当于空载变压器，可用变压器"T"型等值电路加以说明。试验电压施加于二次绕组 ax，当铁心未饱和时，R_m 和 X_m 几乎不变，所以励磁特性曲线几乎呈直线。当铁心饱和时，R_m 和 X_m 会急剧减小，励磁电流会急剧增大，励磁特性曲线会出现明显的拐点，一般认为电压上升 10%，电流上升超过 50% 的点为拐点。试验时应先预设几个测试点，对于电压互感器应设置电压点测量对应的励磁电流，测量点至少包括加压绕组额定电压的 0.2、0.5、0.8、1.0、1.2 倍；对于电流互感器应设置电流点测量对应的电压，一般在拐点附近选取至少 5 个点。我们用曲线图或表格将各个测点表示出来，就反映出互感器的励磁特性。

实操 1　35 kV 电流互感器励磁特性试验

（一）工作任务

使用成套励磁特性测试仪对 35 kV 电流互感器进行励磁特性试验，通过试验流程的介绍，掌握互感器励磁特性试验前的准备工作和相关安全措施、技术措施、试验方法，以及掌握试验危险点及预控措施、试验步骤，理解试验原理。

（二）引用标准

（1）《国家电网公司电力安全工作规程》（变电部分）。

（2）《电气装置安装工程　电气设备交接试验标准》（GB 50150—2016）。

（3）《国家电网公司五项通用制度　变电检测管理规定 829-2017》第 34 分册。

（三）试验条件

1. 环境要求

除非另有规定，该试验均在以下大气条件下进行，且试验期间，大气环境条件应相对稳定。

（1）环境温度不宜低于 5 ℃。

（2）环境相对湿度不宜大于 80%。

（3）现场区域满足试验安全距离要求。

2. 被试设备要求

（1）被试互感器处于停电检修状态。

（2）设备外观清洁、无异常。

（3）设备上无各种外部作业。

（4）互感器一、二次未与其他设备连接。

3. 人员要求

试验人员需具备如下基本知识与能力：

（1）了解电流互感器的结构性能、用途。

（2）熟悉该试验仪器、仪表的原理、结构、用途及使用方法。

（3）熟悉各种影响试验结论的因素及消除方法。

（4）经过《国家电网公司电力安全工作规程》培训，考试合格。

4. 基本安全要求

（1）应严格执行国家电网公司《电力安全工作规程（变电部分）》的相关要求。

（2）试验工作不得少于两人。试验负责人应由有经验的人员担任，开始试验前，试验负责人应向全体试验人员详细布置试验中的安全注意事项，交待邻近间隔的带电部位、危险点以及其他安全注意事项。

（3）应确保操作人员及测试仪器与电力设备的高压部分保持足够的安全距离。

（4）试验装置的金属外壳应可靠接地，被试设备金属外壳可靠接地后，方可进行其他接线。

（5）变更接线或测试结束时，应首先断开测试电源。

（6）因测试需要断开设备接头时，拆前应做好标记，接后应进行检查。

（7）测试装置的电源开关，应使用明显断开的双极刀闸。为了防止误合刀闸，可在刀刃上加绝缘罩。测试装置的低压回路中应有 2 个串联电源开关，并加装过载自动跳闸装置。

（8）测试前必须认真检查测试接线，特别注意检查调压器在零位。

（9）测试前，应通知有关人员离开被试设备，并取得测试负责人许可，方可开机测试；测试过程中应有人监护并呼唱，互感器上禁止其他工作。

（10）测试现场出现明显异常情况时（如异音、电压波动、系统接地等），应立即停止测试工作并撤离现场。

5. 电源要求

（1）试验电源频率与被试品额定频率一致。

（2）试验电压的波形为两个半波相同的近似正弦波，且峰值和方均根（有效）值之比的误差应在 ±0.07 以内的正弦波的工频交流电源。

6. 仪器要求

（1）输入电压 220（1±10%）V；频率 50 Hz±1 Hz；输出电压 0~2 000 V；输出电流 0~15 A。

（2）测量准确度不低于 0.5 级；分辨率：电压 0.1 V；电流 0.01 A。

（四）试验准备

1. 危险点及预控措施

表 4-21　35 kV 电流互感器励磁特性测试危险点及预控措施

危险点	描述	预控措施
触电危险	试验电源为 220 V 交流电源，被试品通电加压，有触电风险	拆、接试验接线前，应将被试设备对地充分放电，以防止剩余电荷、感应电压伤人。投入电源前设备外壳必须接地；测试前，应通知有关人员离开被试设备，并取得测试负责人许可，方可开机测试；试验接线应正确、牢固，试验人员应精力集中，确认设备电源已断开方可拆线或改线
设备损坏	接线错误可能导致互感器烧坏	测试前必须认真检查测试接线，电流互感器二次非试验绕组应开路。拆除互感器二次引线时做好标记，试验后应恢复二次接线并认真检查

2. 工器具及材料清单

表 4-22　35 kV 电流互感器励磁特性测试工器具及材料清单

名称	规格型号	数量	备注
互感器励磁特性测试仪		1 套	
试验线		若干	
接地线		若干	
电源盘		1 只	
万用表		1 只	
线夹		若干	
验电器	35 kV	1 只	
温湿度计		1 只	
绝缘垫		1 张	
绝缘手套	高压	1 双	
放电棒	10 kV	1 只	

3. 试验人员分工

表 4-23　35 kV 电流互感器励磁特性测试人员分工表

序号	工作岗位	数量	职责
1	工作负责人	1	开班前会，交待工作内容、安全措施、进行危险点分析，抄写铭牌参数，指挥操作人和接线人进行测试
2	操作人 （接线人、记录人）	1	检查工器具、接线，对励磁特性测试仪进行操作，对试验结果进行记录

（五）试验方法

互感器励磁特性试验原理接线图如图 4-27 所示，在试验时，一次绕组应开路，铁心及外壳接地，从保护绕组施加试验电压，非试验绕组应在开路状态。

1. 试验接线

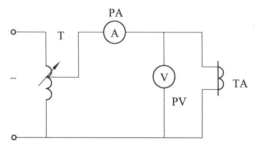

T—调压器；PA—电流表；PV—电压表；TA—被试电流互感器。

图 4-27　互感器励磁特性接线原理图

2. 试验注意事项

（1）如表计的选择档位不合适需要换档位时，应缓慢降下电压，切断电源再换档，以免剩磁影响试验结果。

（2）电流互感器励磁曲线试验电压不能超过 2 kV，电流大小以制造厂技术条件为准。

（3）铁心带间隙的零序电流互感器应在安装完毕后进行励磁曲线试验。

（4）在更换试验接线时，应在被试品上悬挂接地放电棒；在再次升压前，先取下放电棒，防止带接地放电棒升压。

（5）测量点至少包括额定电压的 0.2、0.5、0.8、1.0、1.2 倍，记录各测量点励磁电流值。

（6）电压升到最高试验电压并读取数据后，应立即降压。

3. 试验基本步骤

（1）开工前准备：

① 确认工作地点；

② 检查并补齐现场安全措施；

③ 办理工作许可手续；

④ 召开班前会，交待安全措施、危险点及注意事项；

⑤ 检查、清点工具、材料，如图 4-28 所示；

图 4-28 检查工器具（绝缘手套气密性检查）

⑥ 查阅设备出厂试验记录。

（2）进行试验：

① 检查被试设备外观良好，正确放置温/湿度计。将被试设备断电，验明确无电压后，如图 4-29（a），充分放电并有效接地，如图 4-29（b），并抄录现场温湿度及设备铭牌信息。

② 拆除电流互感器二次引线，一次绕组处于开路状态，铁心及外壳接地。

③ 先将仪器可靠接地，根据图 4-29 所示进行接线。

（a）验电   （b）放电

图 4-29 互感器验电并放电接地

④ 检查确认接线正确无误，特别注意检查互感器二次端子，如图 4-30 所示，拆除被试互感器接地。

图 4-30 二次端接线

⑤ 接通电源，调节调压器缓慢升压，当电流升至互感器二次额定电流的50%时，将调压器均匀的降为零，进行互感器退磁，如图4-31所示。

图 4-31　调压

⑥ 参考出厂试验数据或选取几个电流点，将调压器缓慢升压，以电流的倍数为准，读取相应的各点电压值，观察电压与电流的变化趋势，当电流按规律增长而电压变化不大时，可认为铁心饱和，在拐点附近读取并记录至少 5～6 组数据，如图 4-32 所示。读取数据后，缓慢降下电压，切不可突然拉闸造成铁心剩磁过大，影响互感器保护性能。

⑦ 电压降至零位后，再关闭仪器电源，拔下电源插头。当有多个保护绕组时，每个绕组均应进行励磁曲线试验，试验步骤同上。

图 4-32　多次多点记录数据

⑧ 对被试设备进行充分放电，拆除测试接线，最后再拆除仪器接地线。

（六）相关规程要求

1.《电气装置安装工程电气设备交接试验标准》（GB 50150—2016）

（1）当继电保护对电流互感器的励磁特性有要求时，应进行励磁特性曲线测试。

（2）当电流互感器为多抽头时，应测量当前拟定使用的抽头或最大变比的抽头。测量后应核对是否符合产品技术条件要求。

（3）当励磁特性测量时施加的电压高于绕组允许值，应降低试验电源频率。

（4）330 kV 及以上电压等级的独立式、GIS 和套管式电流互感器，线路容量为300 MW 及以上容量的母线电流互感器及各种电压等级的容量超过 1 200 MW 的变电站带暂态性能的电流互感器，其具有暂态特性要求的绕组，应根据铭牌参数采用交流法（低频法）或直流法测量其相关参数，并应核查是否满足相关要求。

2. 国家电网公司五项通用制度

互感器励磁特性曲线试验的目的主要是检查互感器铁心质量，通过磁化曲线的饱和程度判断互感器有无匝间短路，励磁特性曲线能灵敏地反映互感器铁心、线圈等状况。

将测量出的电流、电压进行绘图如图 4-33 所示。一般来讲，同批同型号、同规格电流互感器在拐点的励磁电压无明显的差别，与出厂试验值也没有明显变化，如图 4-33 中曲线 1。当互感器有铁心松动，线圈匝间短路等缺陷时，其拐点的励磁电压较正常有明显的变化如图 4-33 中曲线 2。

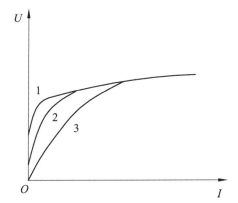

1—正常励磁特性曲线；2—短路 1 匝；3—短路 2 匝。

图 4-33　励磁特性曲线

如果在测量中出现非正常曲线，试验数据与原始数据相比变化较明显，首先检查试验接线是否正确，测试仪表是否满足要求，以及铁心剩磁的影响等。

（七）试验数据分析、处理及试验意义

电流互感器励磁曲线试验结果不应与出厂试验值有明显变化。互感器励磁特性曲线试验的目的主要是检查互感器铁心质量，通过磁化曲线的饱和程度判断互感器有无匝间短路，励磁特性曲线能灵敏地反映互感器铁心、绕组等状况，正常情况下电流互感器励磁特性曲线与有短路情况下电流互感器励磁特性曲线如图 4-33 所示。

对试验数据进行分析时，如试验数据与原始数据相比有明显变化，首先应检查测试仪表是否为方均根值表、准确等级是否满足要求，另外应考虑铁心剩磁的影响。在大电流下切断电源、运行中二次开路、通过短路故障电流以及使用直流电的各种试验，均可导致铁心产生剩磁，因此，在有必要的情况下应先对互感器铁心进行退磁，以减少试验和运行中的误差。

3. 试验报告模板

表 4-24　电流互感器励磁特性试验报告

一、基本信息							
变电站		委托单位		试验单位		运行编号	
试验性质		试验日期		试验人员		试验地点	
报告日期		编写人		审核人		批准人	
试验天气		环境温度（℃）		环境相对湿度（%）			

二、设备铭牌					
生产厂家		出厂日期		出厂编号	
设备型号		额定电压(kV)		额定电流比	
额定电容量（pF）					

三、检测数据

励磁特性曲线	端子标号	电流1(A)	电压1(V)	电流2(A)	电压2(V)	电流3(A)	电压3(V)	电流4(A)	电压4(V)	电流5(A)	电压5(V)	电流6(A)	电压6(V)	电流7(A)	电压7(V)	电流8(A)	电压8(V)	电流9(A)	电压9(V)	电流10(A)	电压10(V)	电流11(A)	电压11(V)
A	1																						
	2																						
	3																						
B	1																						
	2																						
	3																						
C	1																						
	2																						
	3																						
检测仪器																							
结论																							
备注																							

（八）工作流程

表 4-25　35 kV 电流互感器的励磁特性试验流程表

项目名称	35 kV 电流互感器的励磁特性试验（仅测试一组保护级二次绕组）
任务描述	自设现场安全措施，正确选择、使用试验仪器、仪表，安全地进行电流互感器励磁特性测试，并对测试结果进行分析判断，清理并结束试验现场，完成试验报告
考核要点及其要求	1. 检查、熟悉需用仪器、仪表、工具、资料；安全、正确进行试验接线和使用仪器、仪表和工器具； 2. 按现场工作标准化流程完成测试工作； 3. 记录判断试验结果，完成试验报告，要求计算正确、书写规范、整洁、引用标准正确、结论完整； 4. 若试验中严重违反操作规程，立即停止操作，考试提前结束
场地、设备、工具和材料	1. 被试品：35 kV 电流互感器； 2. 试验器材：励磁特性测试仪、数字万用表、温度计、湿度计、电源线、刀闸、接地线、放电棒、围栏、"在此工作"、"止步，高压危险"、"从此进出"标示牌若干、短路线、测试线若干、安全帽、常用电工工具、记录纸
危险点和安全措施	1. 悬挂"在此工作""止步，高压危险""从此进出"标示牌； 2. 防止触电伤人； 3. 防止测量时伤及工作人员及试验人员
工作流程	

序号	作业名称	35 kV 电流互感器的励磁特性试验（仅测试一组保护级二次绕组）
1	着装	正确佩戴安全帽，着棉质工作服，穿绝缘鞋
2	现场安全措施	按现场标准化作业进行设置、检查安全措施
3	试验电源检查、仪器、仪表检查及温湿度计摆放	1. 检查试验电源电压是否符合测试仪器电源电压要求； 2. 检查使用仪器、仪表、是否在使用有效期内； 3. 检查使用仪器、仪表、是否适合工作需要； 4. 温湿度计正确摆放
4	放电、接地	1. 接测试线前必须对电流互感器充分放电； 2. 将电流互感器外壳可靠接地； 3. 试验仪器外壳可靠接地
5	试验接线及检查	1. 按试验原理图进行接线，二次非试验绕组开路，一次绕组开路，任选一组二次绕组（保护级）测试； 2. 检查调压器是否在零位； 3. 将测试仪测试线与测试绕组正确连接； 4. 检查试验接线
6	励磁特性试验	1. 试验人员站在绝缘垫上，接通试验电源，开始手动升压进行退磁（大于二次额定电流1/2），再升至所需的试验电压、电流（电流、电压不得少于5个测量点），并记录； 2. 加压前注意监护并大声呼唱； 3. 试验完毕后降压到零位，断开试验电源，对测量绕组带限流电阻的放电棒进行放电

续表

	工作流程	
7	试验结束	1. 拆除试验接线，恢复被试品初始状态； 2. 清理试验现场； 3. 试验人员、设备撤离现场，结束工作手续
8	熟练程度	作业标准、流程规范、操作熟练
9	试验报告	1. 被试设备铭牌参数及检测仪器型号； 2. 试验日期、试验人员、试验地点、温度、湿度； 3. 试验数据、试验标准、试验结论
	备注	

参考文献

[1]　中华人民共和国住房和城乡建设部，中华人民共和国国家质量监督检验检
　　　疫总局联合发布. 电气装置安装工程 电气设备交接试验标准：GB 50150—
　　　2016[S]. 2016.

[2]　中华人民共和国国家发展和改革委员会发布. 现场绝缘试验实施导则：DLT
　　　474.2—2006[S]. 2006.

[3]　中华人民共和国国家发展和改革委员会发布. 电力变压器试验导则：JBT
　　　501—2021 [S]. 2021.

[4]　国家电网有限公司. 输变电设备状态检修试验规程：QGDW 1168—2013[S].
　　　2013.

[5]　国家电网有限公司. 电力安全工作规程 变电部分：Q/GDW1799.1—2013
　　　[S]. 2013.

[6]　国家电网有限公司. 国家电网公司变电检测管理规定 829—2017[S]. 2017.

[7]　李建明，朱康. 高压电气设备试验方法[M]. 北京：中国电力出版社，2001.

[8]　陈天翔. 电气试验[M]. 北京：中国电力出版社，2016.

[9]　张晓惠. 电气试验[M]. 北京：中国电力出版社，2010.

[10]　周泽存. 高电压技术[M]. 北京：中国电力出版社，2007.